U0158558

建筑装饰施工图
设计与制作

主　编◎胡小玲　刘子锐　李鹏宇
副主编◎蓝明慧　潘永宜　阮树澐
　　　　喻麒麟　周冉　覃剑

清华大学出版社
北京

内 容 简 介

本书详细讲解了建筑装饰施工图的制图规范、基本要求及识读等内容。在绘图过程中，本书围绕一套完整的建筑装饰施工图的绘图方法来展开教学，包括如何绘制建筑原始结构图、墙体改造图、平面布置图、天花材料图、天花灯具图、天花尺寸图、水电布置图、立面索引图、立面设计图、建筑剖面图、建筑大样图等；在封面、目录、设计说明图中也进行了详细的说明，并详细地讲解了出图设置等相关步骤；在室内家具设计中，采用现代装配式家具案例帮助读者在学习中掌握家具设计的基本要求。

本书图文并茂，案例具体，有非常强的针对性，为建筑类或者设计类相关专业学生进行方案设计、施工图设计奠定了坚实的基础。

本书封面贴有清华大学出版社防伪标签，无标签者不得销售。

版权所有，侵权必究。举报：010-62782989，beiqinquan@tup.tsinghua.edu.cn。

图书在版编目（CIP）数据

建筑装饰施工图设计与制作 / 胡小玲，刘子锐，李鹏宇主编. —北京：清华大学出版社，2022.3（2022.8重

ISBN 978-7-302-60361-0

Ⅰ．①建…　Ⅱ．①胡…　②刘…　③李…　Ⅲ．①建筑装饰—建筑制图　Ⅳ．①TU238

中国版本图书馆 CIP 数据核字（2022）第 044555 号

责任编辑：邓　艳
封面设计：刘　超
版式设计：文森时代
责任校对：马军令
责任印制：朱雨萌

出版发行：清华大学出版社
　　网　　址：http://www.tup.com.cn，http://www.wqbook.com
　　地　　址：北京清华大学学研大厦 A 座　　　　　　邮　　编：100084
　　社 总 机：010-83470000　　　　　　　　　　　　邮　　购：010-62786544
　　投稿与读者服务：010-62776969，c-service@tup.tsinghua.edu.cn
　　质量反馈：010-62772015，zhiliang@tup.tsinghua.edu.cn
印 装 者：三河市少明印务有限公司
经　　销：全国新华书店
开　　本：185mm×260mm　　　　印　　张：8.75　　　　字　　数：207 千字
版　　次：2022 年 4 月第 1 版　　　　　　　　　　　印　　次：2022 年 8 月第 2 次印刷
定　　价：49.00 元

产品编号：094438-01

前　言

　　装饰施工图是用于表达建筑物室内外装饰美化要求的施工图样。图纸内容一般有平面布置图、顶棚平面图、装饰立面图、装饰剖面图和节点详图等。装饰施工图与建筑施工图的图示方法、尺寸标注、图例代号等基本相同。因此，其制图与表达应遵守现行建筑制图标准的规定，它既反映了墙、地、顶棚3个界面的装饰构造、造型处理和装饰做法，又表示了家具、织物、陈设、绿化等的布置。

　　本书详细讲解了建筑装饰工程制图的基本原理、方法和步骤，图纸绘制的要求与方法，以及施工图制图中应注意的问题及解决办法。通过建筑平面图、立面图、剖面图、大样图、施工节点图来详细讲解装饰施工图的识图、绘制方法以及出图，为建筑类专业学生进行方案设计、施工图设计奠定了坚实的基础。

　　本书在编著中有如下3个特点。

　　（1）建筑装饰施工图是工程技术的语言及表达的一种方式，是方案设计中落实经济、技术、材料等物质要求的基础，是将设计意图转化为真实工程产品的重要筹划阶段，是设计师与施工人员沟通的桥梁及工具。因此，装饰施工图设计是建筑类相关专业的核心课程，是岗前学习的关键。

　　（2）本书涵盖了建筑装饰施工图设计及绘图的全部内容，包括国家建筑制图规范、装饰施工图基本要求、建筑装饰施工图识读、验房及量房、AutoCAD绘图准备、建筑装饰施工图绘图与出图、室内设计家具图绘制等内容，完全满足教学需求。

　　（3）本书以国家标准为基础，以职业岗位为导向，依托实际工程案例，注重职业能力的培养，呈现一体化的教学，紧跟行业新技术步伐。

　　本书由广西电力职业技术学院胡小玲，柳州城市职业学院刘子锐，广西生态工程职业技术学院李鹏宇担任主编，由胡小玲统筹策划、审核、修订等。项目1由胡小玲编写，项目2由广西机电职业技术学院潘永宜编写，项目3由广西呈舍建筑科技有限公司装饰设计师阮树滢编写，项目4由广西理工职业技术学院蓝明慧、覃剑编写，项目5由济南幼儿师范高等专科学校周冉编写，项目6由广西生态工程职业技术学院李鹏宇编写，项目7由南宁职业技术学院喻麒麟编写，项目8由柳州城市职业学院刘子锐编写。另外，许业进、李莉、肖郑、邓雅晴、黄纬维、伍江华、高欣怡、梁桃、龚宏博、杨靖等对本教材的编写提出了指导性意见，对本书的完成有一定的促进作用。

　　本书编写过程中得到广西未来深化建筑设计有限公司、广西龙天装饰工程有限公司、广西呈舍建筑科技有限公司等的大力支持，提供了实际项目案例的参考。

　　由于编者水平有限，书中难免出现疏漏，恳请广大读者提出宝贵意见，在此表示衷心的感谢。

编　者

目　　录

项目 1　国家建筑制图规范 1

　　1.1　图幅、标题栏、图框线型 1

　　　　1.1.1　图幅、图纸形式、标题栏及会签栏 1

　　　　1.1.2　图线 6

　　　　1.1.3　字体 9

　　1.2　比例、尺寸标注、标高 10

　　　　1.2.1　比例 10

　　　　1.2.2　尺寸标注 11

　　　　1.2.3　标高 17

　　1.3　其他常用符号 18

项目 2　装饰施工图基本要求 29

　　2.1　装饰施工图的内容构成 29

　　　　2.1.1　装饰施工图与施工图设计的概念 30

　　　　2.1.2　施工图设计的服务对象 30

　　2.2　装饰施工图的主要特征 30

　　　　2.2.1　施工图设计的严肃性 30

　　　　2.2.2　施工图设计的完整性 31

　　　　2.2.3　施工图设计的逻辑性 31

　　2.3　装饰施工图的表达方式 32

　　　　2.3.1　装饰施工图的表达依据 32

　　　　2.3.2　装饰施工图的表达框架 32

项目 3　建筑装饰施工图识读 33

　　3.1　装饰效果图及施工图 33

　　　　3.1.1　装饰效果图 33

　　　　3.1.2　装饰施工图 34

　　3.2　建筑装饰图纸绘制 35

项目 4　验房及量房 49

　　4.1　验房 49

　　　　4.1.1　验房准备工作 49

　　　　4.1.2　验房流程 51

　　4.2　量房 53

　　　　4.2.1　量房前的准备 53

4.2.2 量房的步骤及过程 54

项目 5 AutoCAD 绘图准备 57
5.1 绘图环境设置 57
5.2 其他设置 65

项目 6 建筑装饰施工图绘图 67
6.1 原始结构图 67
6.2 墙体改造图 73
6.3 平面布置图 78
6.4 地面布置图 80
6.5 天花材料图 83
6.6 天花灯具图 87
6.7 天花尺寸图 89
6.8 水电布置图 91
6.9 立面索引图 96
6.10 立面设计图 97
6.11 剖面图 99
6.12 绘制大样图 101
6.13 封面、目录、设计说明 101

项目 7 建筑装饰施工图出图 105
7.1 布局出图创建与要求 105
7.2 调整页面设置管理器 107
7.3 设置 DWG 文件 110

项目 8 室内设计家具图绘制 122
8.1 家具设计相关要求 122
8.1.1 家具的定义 122
8.1.2 家具的特性 123
8.1.3 家具常用名词术语 123
8.1.4 家具设计的原则 124
8.1.5 家具设计的评价标准 125
8.1.6 家具设计人员的知识领域及技能要求 125
8.2 家具设计案例鉴赏 126
8.2.1 衣柜的分类 126
8.2.2 衣柜的组成 127
8.2.3 衣柜施工图案例鉴赏 130

参考文献 133

附录 134

项目 1　国家建筑制图规范

学习目标

知识目标

📖　了解国家有关建筑制图方面的相关规范要求。

📖　了解图幅、图线、字体、比例、尺寸标注的规范规定。

📖　了解建筑制图的绘制过程和步骤。

能力目标

掌握建筑制图的基本知识。

建议课时：8 课时。

项目情景

随着社会的发展，建筑 CAD 软件在房建设计中占据着不可缺少的地位。建筑制图是建筑设计的基础，是设计的基本规范。在设计领域中，遵循统一的规范，在 CAD 绘图中强调制图的基本标准，才能让设计与规范相统一。本项目从建筑制图的基本标准出发，详细讲解了包括图幅、图线、字体、比例、尺寸标注在内的等规范。

目前，国家统一执行的制图规范有如下 3 种。

📖　《房屋建筑制图统一标准》（GB/T 50001—2017）

📖　《建筑制图标准》（GB/T 50104—2010）

📖　《总图制图标准》（GB/T 50103—2010）

1.1　图幅、标题栏、图框线型

1.1.1　图幅、图纸形式、标题栏及会签栏

1. 图幅

图纸的幅面是指图纸宽度与长度组成的图面；图框是指在图纸上绘图范围的界线。图纸幅面及图框尺寸应符合如表 1-1 所示的规定。一般 A0～A3 图纸宜横式使用，必要时也可立式使用，图纸幅面之间的关系，如图 1-1 所示。

表 1-1　幅面及图框尺寸

单位：mm

幅面代号	尺寸代号				
	A0	A1	A2	A3	A4
b×l	841×1189	594×841	420×594	297×420	210×297
c	10			5	
c	25				

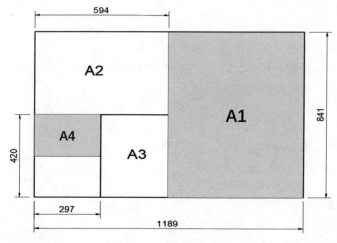

图 1-1　图纸幅面尺寸

　　图纸的短边一般不应加长，A0、A3 幅面长边尺寸可加长，但应符合如表 1-2 所示的规定。

表 1-2　图纸长边加长尺寸

单位：mm

幅面代号	长边尺寸	长边加长后尺寸
A0	1189	1486，1635，1783，1932，2080，2230，2378
A1	841	1051，1261，1471，1682，1892，2102
A2	594	743，891，1041，1189，1338，1486，1635，1783，1932，2080
A3	420	630，841，1051，1261，1471，1682，1892

注：有特殊需要的图纸，可采用 b×l 为 841mm×891mm 与 1189mm×1261mm 的幅面。

2. 图纸形式

　　《房屋建筑制图统一标准》（CB 50001—2017）对图纸标题栏、图框线、幅面线、装订边线、对中标志和会签栏的尺寸、格式和内容都有规定。A0～A3 图纸宜采用横式使用，必要时也可以采用立式使用。横式图纸如图 1-2 和图 1-3 所示，立式图纸如图 1-4 和图 1-5 所示。一个专业的图纸不适宜用多于两种幅面，不含目录及表格所采用的 A4 幅面。

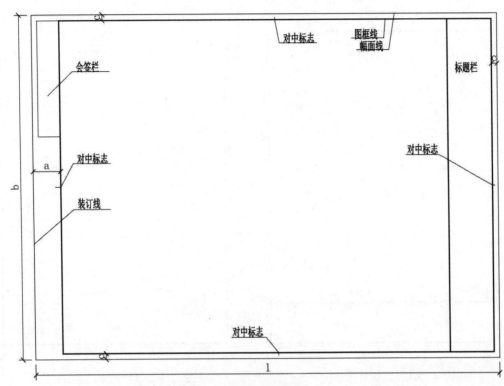

图 1-2　A0～A3 横式幅面（一）

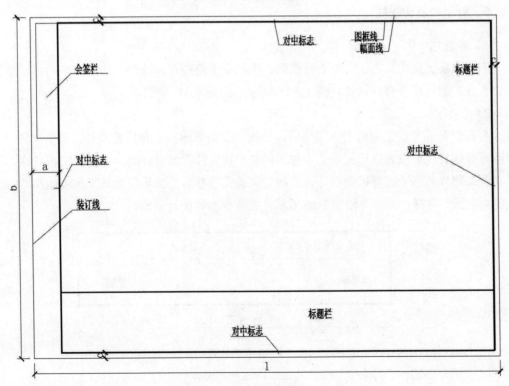

图 1-3　A0～A3 横式幅面（二）

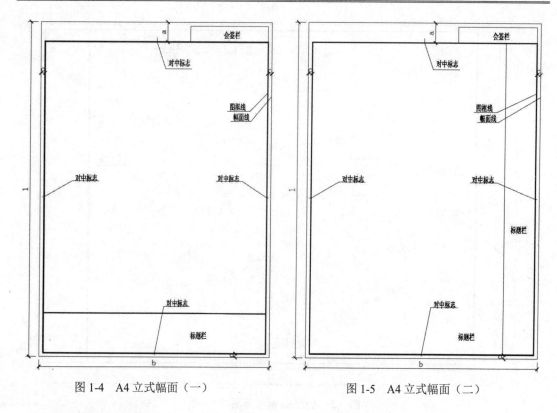

图 1-4　A4 立式幅面（一）　　　　　　图 1-5　A4 立式幅面（二）

3．标题栏及会签栏

1）标题栏

在每张施工图中，为了方便查阅图纸，图纸右下角都有标题栏，如图 1-6 所示。学生制图作业的标题栏可自行设计，图 1-7 所示为制图作业的标题栏。

2）会签栏

会签栏是各专业工种负责人签字区，一般位于图纸的左上角图框线外，形式如图 1-8 所示。标题栏主要以表格形式表达本张图纸的一些属性，如设计单位名称、工程名称、图样名称、图样类别、编号以及设计、审核、负责人的签名。如果是涉外工程应加注"中华人民共和国"字样。图 1-9 和图 1-10 所示是企业常用制图会签栏。

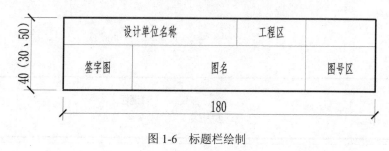

图 1-6　标题栏绘制

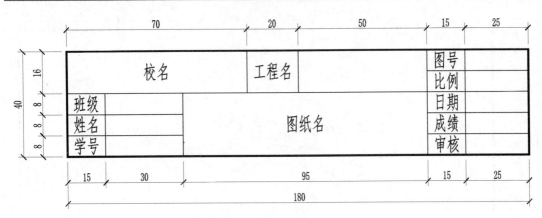

图 1-7　学生作业标题栏

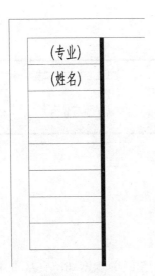

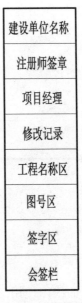

图 1-8　会签栏　　　　　　　　图 1-9　企业制图会签栏（一）

建设单位名称	注册师签章	项目经理	修改记录	工程名称区	图号区	签字区	会签栏

图 1-10　企业制图会签栏（二）

注意：在 CAD 绘制图框时，一般单独设置一个图框层，并且使用同一种颜色绘制，再根据制图标准设置不同的线宽。一般在模型中绘制图、在布局中绘制图框，再把图形调整为合适的比例，放置到合适的位置，最后打印出图。

【课堂小训练】绘制 A4 图框及标题栏

要求：按照横幅模式要求，绘制 A4 图框及标题栏，如图 1-11 所示。

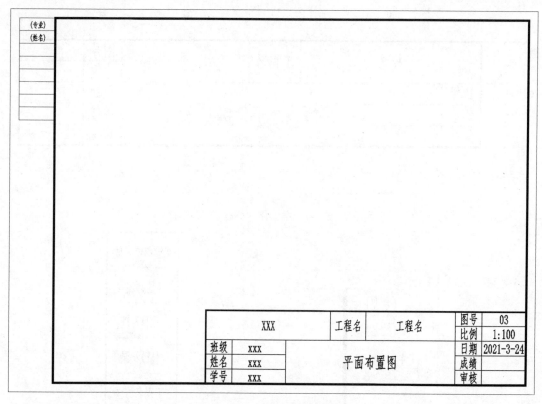

XXX		工程名	工程名	图号	03
				比例	1:100
班级	XXX			日期	2021-3-24
姓名	XXX		平面布置图	成绩	
学号	XXX			审核	

图 1-11　A4 图框及标题栏

1.1.2　图线

1. 线宽

图纸上所画的线，使用各种不同图线组成。图线的宽度 b，宜从 1.4mm、1.0mm、0.7mm、0.5mm、0.35mm、0.25mm、0.18mm、0.13mm 线宽中选取。图线宽度不应小于 0.1mm，每个图样，应根据复杂程度与比例大小，先选定基本线宽 b，再选用如表 1-3 所示相应的线宽组。

表 1-3　线宽组

单位：mm

线　宽　比	线　宽　组			
b	1.4	1.0	0.7	0.5
0.7b	1.0	0.7	0.5	0.35
0.5b	0.7	0.5	0.35	0.25
0.25b	0.35	0.25	0.18	0.13

同一张图纸内，相同比例的各图样，应选用相同的线宽组。图纸的图框线和标题栏线，可采用如表 1-4 所示的线宽。

表 1-4　图框线、标题栏线的宽度

单位：mm

幅面代号	图框线	标题栏外框线	标题栏分格线
A0、A1	b	0.5b	0.25b
A2、A3、A4	b	0.7b	0.35b

注意事项：线宽比和线宽组的选择与图幅大小及图形的复杂程度有关，一般 A3 图纸适宜的线宽组为 0.5mm、0.25mm、0.13mm；A4 图纸适宜的线宽组为 0.35mm、0.18mm、0.1mm。目的是保证图形中每根线都可以清晰可见，如图 1-12 所示。

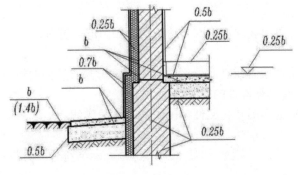

图 1-12　墙身大样

2．线型

任何工程图样都是采用不同的线型与线宽的图线绘制而成的。工程建设制图中的各类图线的线型、线宽及用途如表 1-5 所示。

表 1-5　线型、线宽及用途

名　称		线　型	线　宽	一　般　用　途
实线	粗		b	主要可见轮廓线
	中粗		0.7b	可见轮廓线
	中		0.5b	可见轮廓线、尺寸线、变更云线
	细		0.25b	图例填充线、家具线
虚线	粗		b	参见相关专业制图标准
	中粗		0.7b	不可见轮廓线
	中细		0.5b	不可见轮廓线、图例线
	细		0.25b	图例填充线、家具线
单点长面线	粗		b	见各相关专业制图标准
	中		0.5b	见各相关专业制图标准
	细		0.25b	中心线、对称线、轴线等
双点长画线	粗		b	见各相关专业制图标准
	中		0.5b	见各相关专业制图标准
	细		0.25b	假想轮廓线、成型前原始轮廓线
折断线	细		0.25b	断开界线
波浪线	细		0.25b	断开界线

在施工图中，不同线型代表不同的内容：墙体、下画线、剖切符号、详图符号、剖切面的外围线用粗实线；家具轮廓线、门窗、地面造型线、吊顶轮廓线等用中线；轴线、家具内部线、地面造型内部、吊顶内部、文字、其他符号等用细线。

在建筑装饰与室内设计施工图绘图过程中，所用的线型如下。

1）粗实线

（1）平面图、剖面图中被剖到的主要建筑构造的轮廓，如墙线、柱体。

（2）室内外立面的轮廓线，如墙线、柱体。

（3）建筑装饰构造详图的建筑表面线，如墙线、柱体。

2）中粗线

（1）剖面图、剖面图被剖切的次要轮廓线，如门洞、窗洞、台阶、楼梯、扶手、家具等构件的轮廓线。

（2）室内外平面、顶面或立面、剖面图中的建筑构造配件的轮廓线，如门洞、窗洞、台阶、楼梯、扶手、家具等构件的轮廓线。

（3）建筑装饰构造详图及构配件详图中的一般轮廓线。

3）细实线

填充线、尺寸线、尺寸界限、引线、索引符号、标高符号、分格线、折断线、门窗开启线等用细实线。

4）虚线

（1）室内平面图、顶面图中未剖到的主要轮廓线。

（2）建筑构造中及建筑装饰构造配件中不可见的轮廓线。

（3）拟扩建的建筑轮廓线。

3．图线的画法

在图线与线宽确定后，具体画图时还应注意如下事项。

（1）相互平行的图例线，其净间隙或线中间隙不宜小于 0.2mm。

（2）虚线的线段长度和间隔，宜各自相等。

（3）单点长画线或双点长画线，当在较小图形中绘制有困难时，可用实线代替。

（4）单点长画线或双点长画线的两端不应是点。点画线与点画线交接点或点画线与其他图线交接时，应是线段交接。

（5）虚线与虚线交接或虚线与其他图线交接时，也应是线段交接。虚线为实线的延长线时，不得与实线相接。

（6）图线不得与文字、数字或符号重叠、混淆；不可避免时，应首先确保文字的清晰。

各种图线正误画法示例，如表 1-6 所示。

表 1-6　各种图线正误画法示例

注 意 事 项	图　　例	
	正　确	错　误
点画线相交时，应以长画线相交，点画线的起始与终了不应为点		

续表

注 意 事 项	图　例	
	正　确	错　误
虚线与虚线相交或与其他垂直线相交，在垂直处不应留有空隙	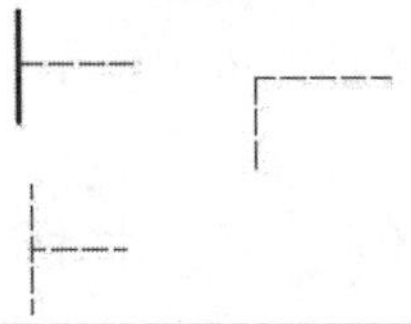	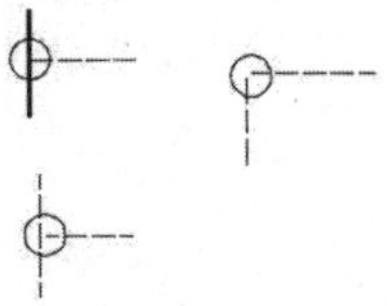
虚线为实线的延长线时，不得与短画线相交，应留有空隙，以表示两种图线的分界	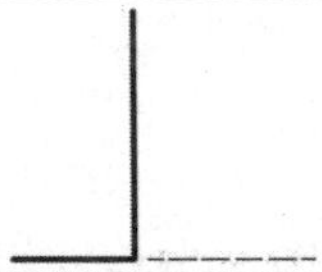	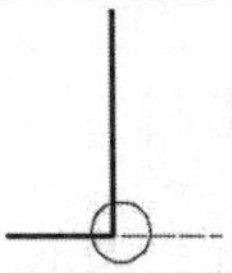

📖 **提示**：在同一张图纸内，相同比例的各个图样，应采用相同的线宽组。图线不得与文字、数字或符号重叠、混淆；不可避免时，应首先确保文字清晰。

1.1.3　字体

图纸上所需书写的汉字、数字、字母、符号等必须做到笔画清晰、字体端正、排列整齐、间隔均匀；标点符号应清楚正确。

字体的号数即为字体的高度 h，文字的高度应从如表 1-7 所示文字的高度中选用。字高大于 10mm 的文字宜采用 TRUETYPE 字体，如需书写更大的字，其高度应按倍数递增。

表 1-7　文字的高度

单位：mm

字 体 种 类	中文矢量字体	TRUETYPE 字体及非中文矢量字体
字高	3.5、5、7、10、14、20	3、4、6、8、10、14、20

图样及说明中的汉字，宜采用长仿宋体（矢量字体）或黑体，同一图纸字体种类不应超过两种。长仿宋体的宽度与高度的关系应符合如表 1-8 所示的规定，黑体字的宽度与高度应相同。大标题、图册封面、地形图等的汉字，也可书写成其他字体，但应易于辨认。长仿宋字的书写要领是横平竖直、注意起落、填满方格、结构匀称。长仿宋字体示例，如图 1-13 所示。

表 1-8　长仿宋高宽关系

字高	20	14	10	7	5	3.5
字宽	14	10	7	5	3.5	2.5

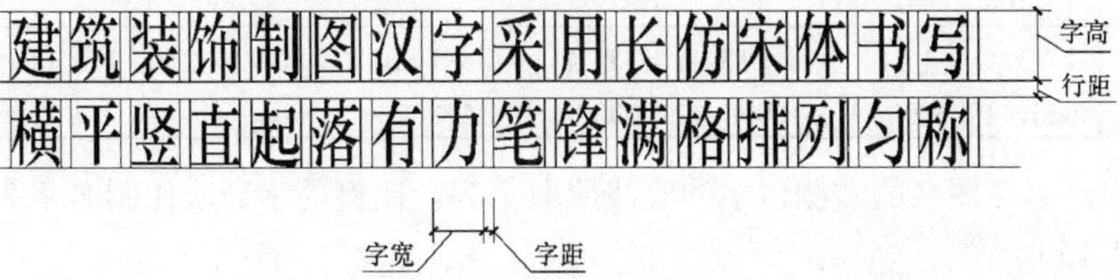

建筑装饰制图汉字采用长仿宋体书写　字高 行距

横平竖直起落有力笔锋满格排列匀称

字宽　字距

图 1-13　长仿宋字体示例

注意： ① 汉字的字高，一般不小于 3.5mm，在 CAD 图纸中引出线的文字说明常用 3.5mm，图名使用 5mm。

② 字母和数字的字高不小于 2.5mm。与汉字并列书写时其字高应小一号。

③ 拉丁字母中的 I、O、Z 不能用于轴号，主要是防止与图纸上的 1、0、2 混淆。

1.2 比例、尺寸标注、标高

1.2.1 比例

建筑工程图中，图样的比例应为图形与实物相对应的线性尺寸之比。比例=图线画出的长度/实物相应部位的长度。比例的大小，是指其比值的大小，如 1∶50 大于 1∶100。比值大于 1 的比例，称为放大的比例，如 5∶1；比值小于 1 的比例，称为缩小的比例，如 1∶100。

采用不同比例绘制窗的立面图，如图 1-14 所示，图样上的尺寸标注必须为实际尺寸。

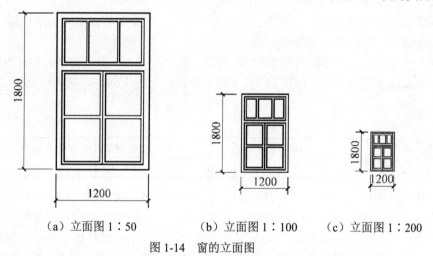

（a）立面图 1∶50　　　（b）立面图 1∶100　　（c）立面图 1∶200

图 1-14　窗的立面图

建筑工程图中所用的比例，应根据图样的用途与绘制的对象复杂程度从如表 1-9 所示绘图所用的比例中选用，并应优先选用表中的常用比例。

表 1-9　绘图所用的比例

常用比例	1∶1，1∶2，1∶5，1∶10，1∶20，1∶30，1∶50，1∶100，1∶150，1∶200，1∶500，1∶1000，1∶2000
可用比例	1∶3，1∶4，1∶6，1∶15，1∶25，1∶40，1∶60，1∶80，1∶250，1∶300，1∶400，1∶600，1∶5000，1∶10000，1∶20000，1∶50000

比例宜注写在图名的右侧，字的底线应取平齐，比例的字高应比图名字高小一号或两号，如图 1-15 所示。

系统图 1:100 ⑤ 1:20

图 1-15 比例的注写

1.2.2 尺寸标注

1．尺寸的组成

图样上的尺寸单位，除标高及总平面图以 m 为单位外，均必须以 mm 为单位。尺寸标注如图 1-16 所示，图样上的尺寸应包括尺寸线、尺寸界线、尺寸起止符号和尺寸数字 4 个要素。

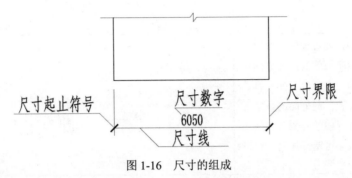

图 1-16 尺寸的组成

尺寸线、尺寸界线用细实线绘制。

尺寸起止符号一般用中实线的斜短线绘制，其倾斜的方向应与尺寸界线成顺时针 45°，长度宜为 2～3mm。

2．建筑制图标注的基本规定

建筑制图标注的基本规定按照如表 1-10 所示规定执行。

表 1-10 建筑制图标注的基本规定

说　明	图　例
总则	（1）完整的尺寸，由下列内容组成： ① 尺寸线（细实线）。 ② 尺寸界线（细实线）。 ③ 尺寸数字。 ④ 尺寸起止符号（中粗线）。 （2）实物的真实大小，应以图上所注尺寸数据为依据，与图形的大小无关。 （3）图样上的尺寸单位，除标高及总平面图以 m 为单位外，均必须以 mm 为单位	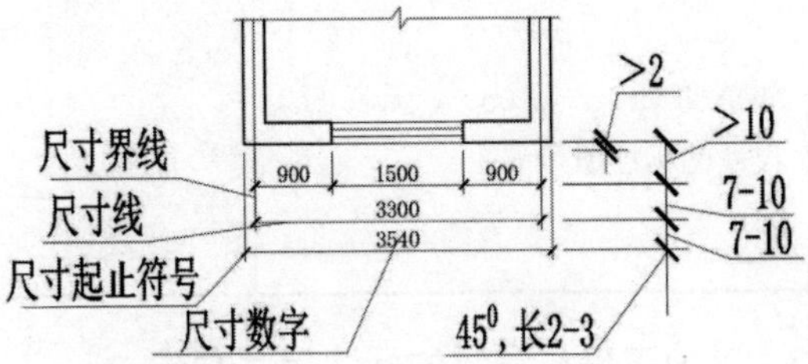

说　明	图　例
尺寸数字	尺寸的数字应按照（a）样式写，并避免在图示 30°范围内标注尺寸，当无法避免时，可以按照（b）样式标注

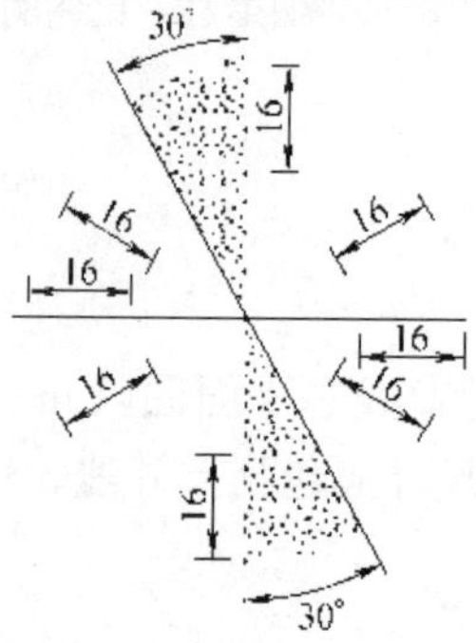

（a）样式　　　　（b）样式

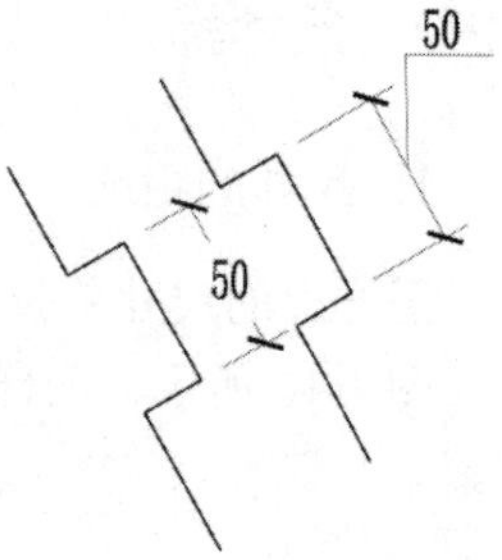

尺寸数字的读图方向应按规定标注；尺寸数字应依其读数方向写在尺寸线的上方中部，如没有足够的注写位置，最外面的数字可注写在尺寸界线的外侧，中间相邻的尺寸数字可错开注写，也可引出注写

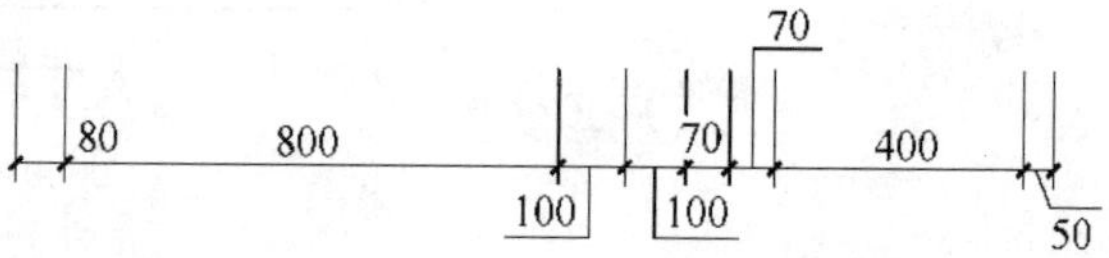

任何图线不得与尺寸数字相交，如果不可避免时，应将图断开

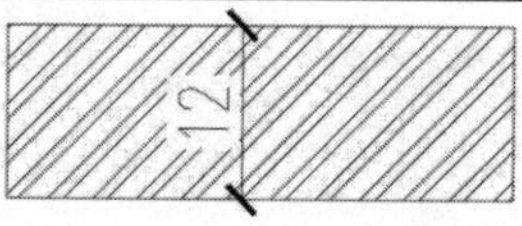

正确　　　　　　错误

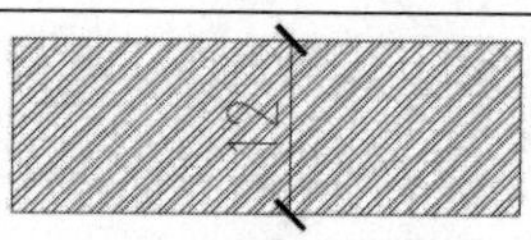

直径与半径：尺寸界线用圆及圆弧的轮廓线代替。尺寸线应通过圆心，尺寸线起止符号采用箭头符号和圆心表示。圆及圆弧的尺寸数字是以直径和半径的长度来表示的

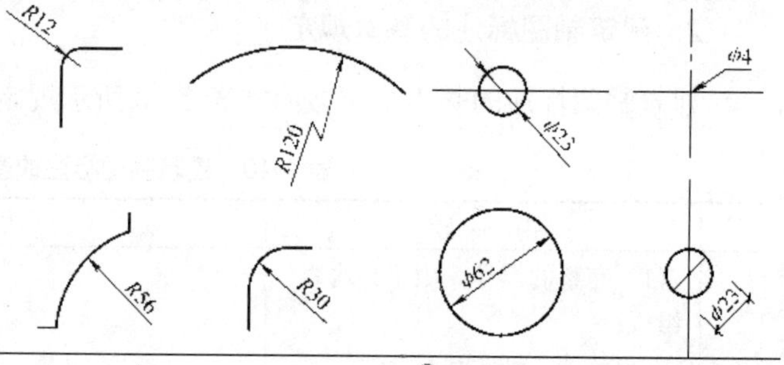

角度与弧：如角度（a）、弧（b）、弧长（c）尺寸的标注所示

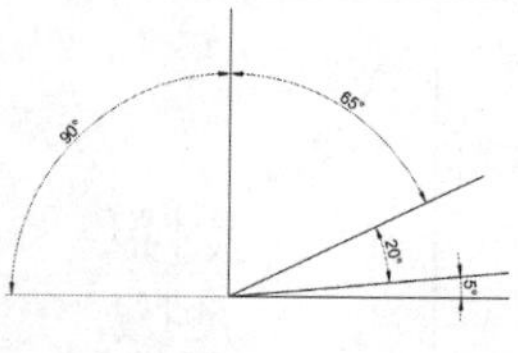

（a）　　　（b）　　　（c）

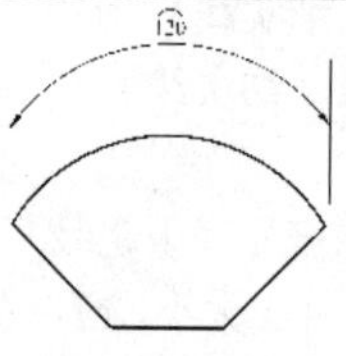

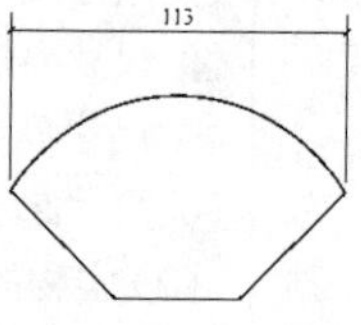

3. 其他正确与常错的标注尺寸方式

尺寸正确与错误的绘制方式，如图 1-17 所示。

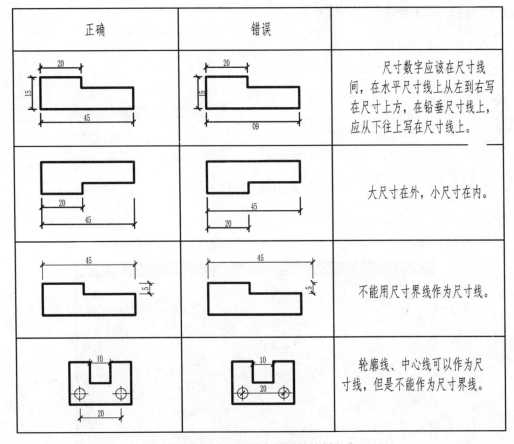

正确	错误	
		尺寸数字应该在尺寸线间，在水平尺寸线上从左到右写在尺寸上方，在铅垂尺寸线上，应从下往上写在尺寸线上。
		大尺寸在外，小尺寸在内。
		不能用尺寸界线作为尺寸线。
		轮廓线、中心线可以作为尺寸线，但是不能作为尺寸界线。

图 1-17　尺寸正确与错误的绘制方式

【课堂小训练】CAD 标注样式设置

要求：按步骤对标注样式进行设置，完成如图 1-27 所示的图形。

1. 设置单位

在进行标注样式设置前，先设置绘图的单位，做法是输入 UN，弹出"图形单位"对话框，设置"精度"为"0.0"，"用于缩放插入内容的单位"为"毫米"，如图 1-18 所示。

2. 设置文字样式

在命令栏输入 ST，弹出"文字样式"对话框，新建样式名为"标注数字"，如图 1-19 所示，单击"确定"按钮后，调整字体为"simplex.shx"，"宽度因子"为"0.7"，调整后单击"置为当前"按钮，最后单击"关闭"按钮，如图 1-20 所示。

📢 **注意**：不要选中"使用大字体"复选框。

3. 设置标注样式

（1）新建样式名：在命令栏输入 D 空格，设置标注样式。新建样式名为"1"，如图 1-21 所示，后面还会设置 20、30、50、100 等样式名，根据绘图比例来设置样式名，可更方便标注。

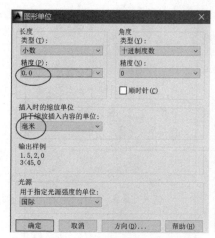

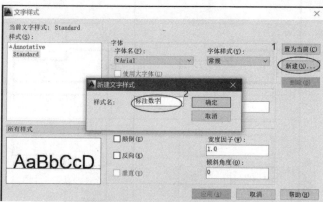

图 1-18　单位设置　　　　　　　　　　图 1-19　新建文字样式

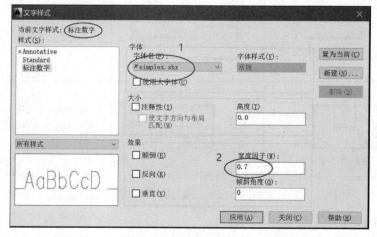

图 1-20　字体名及宽高比

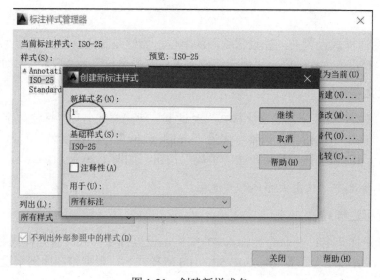

图 1-21　创建新样式名

（2）线设置：尺寸线、尺寸界线都是细实线，固定长度设置为8mm，如图1-22所示。

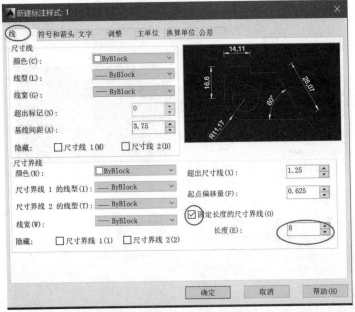

图 1-22　标注样式中线设置

（3）符号和箭头：在"箭头"选项组的"第一个"和"第二个"下拉列表框中分别选择"建筑标记"选项，在"箭头大小"数值框中输入"2"，也可以选择 2～3，如图 1-23 所示。

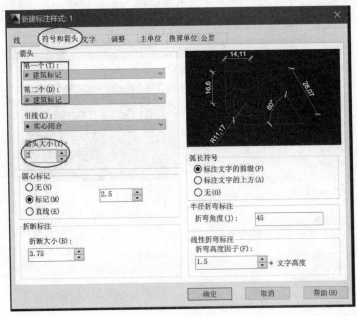

图 1-23　标注样式中箭头的设置

（4）文字：在"文字样式"下拉列表框中选择"标注数字"选项，在"文字高度"数值框中输入"3"，在"文字位置"选项组的"垂直"下拉列表框中选择"上"选项，"水平"下拉列表框中选择"居中"选项，其他设置如图 1-24 所示。

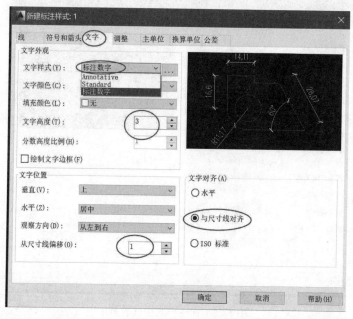

图 1-24　标注样式中文字的设置

（5）调整：在"调整选项"选项组中，"如果尺寸界线之间没有足够的空间来放置文字和箭头，那么首先从尺寸界线中移出"选中"文字或箭头（最佳效果）"单选按钮；在"文字位置"选项组中选中"尺寸线上方，不带引线"单选按钮；在"标注特征比例"选项组中，设置"使用全局比例"为"1"，如图 1-25 所示。

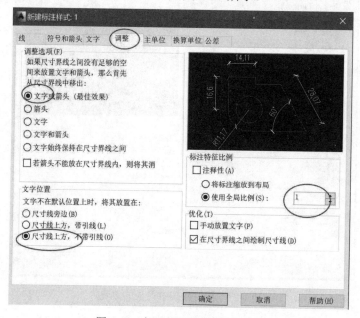

图 1-25　标注样式中调整的设置

（6）"主单位"选项卡设置，如图 1-26 所示。

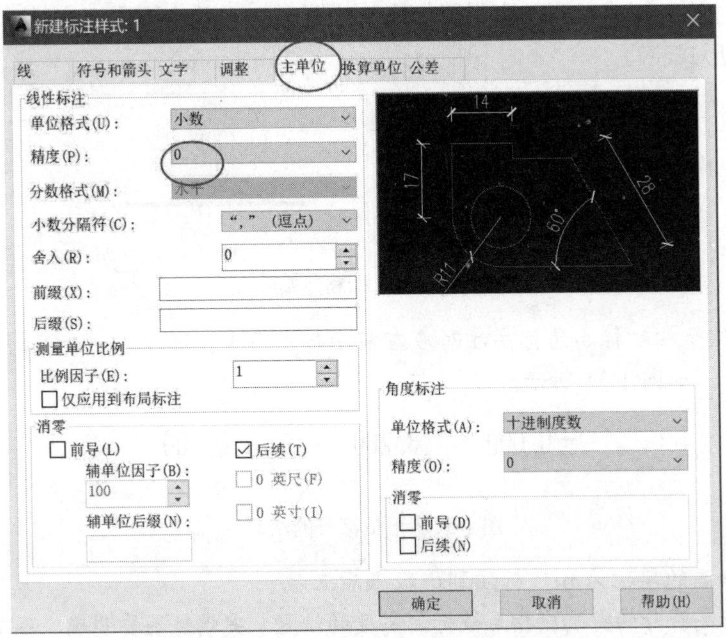

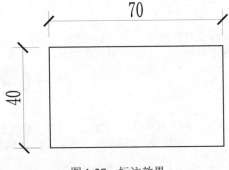

图 1-26　标注样式中主单位的设置

（7）设置完毕后，将其置为当前。绘制一个矩形，标注如图 1-27 所示。

图 1-27　标注效果

1.2.3　标高

室内及工程形体的标高符号应用直角等腰三角形表示，用细实线绘制，一般以室内一层地坪高度作为标高的相对零点位置，低于该点时前面要标上负号，高于该点时不加任何符号。室外标高用黑色的实心三角标，如图 1-28 和图 1-29 所示。

图 1-28　室内标高　　　　　　　　　　　　　图 1-29　地面标高

标高符号的尖端应指至被标注高度的位置。尖端一般应向下，也可向上。标高数字应注写在标高符号的左侧或右侧。在相同的同一位置需表示几个不同标高时，标高数字可按照图1-30所示形式注写。

图1-30　标高注写

注意： ① 低于相对标高的标高注写应在前面标上负号，高于相对标高时，不添加任何符号，如图1-31所示。

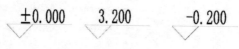

图1-31　正负符号的注写

② 标高的单位为m，标注到小数点后三位。

③ 标高符号的尖端应指至被标注高度的位置，尖端位置要明确，不要落在边线上。

【课堂小训练】 绘制标高符号

要求：按照下面绘图步骤，完成标高符号的绘制，如图1-32所示。

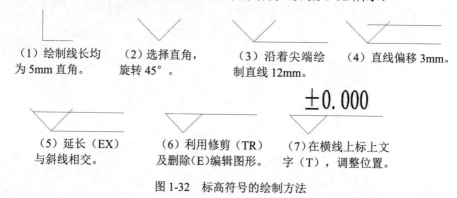

（1）绘制线长均为5mm直角。　（2）选择直角，旋转45°。　（3）沿着尖端绘制直线12mm。　（4）直线偏移3mm。

（5）延长（EX）与斜线相交。　（6）利用修剪（TR）及删除（E）编辑图形。　（7）在横线上标上文字（T），调整位置。

图1-32　标高符号的绘制方法

1.3　其他常用符号

1. 剖切符号

剖切符号应标注在±0.000标高的平面图或者首层平面图上，并同时注上编号。剖面图的名称要用其编号来命名，如1-1剖面图、2-2剖面图。

剖切符号的有关规定如下。

（1）剖切符号应由剖切位置线及投影方向线组成。剖切符号用粗实线绘制，剖切位置线长6～8mm，方向线为4～6mm。长边代表切的方向，短边代表投影的方向，剖切符号不应与其他线相接触，如图 1-33 所示。

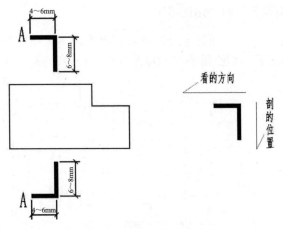

图 1-33　剖切符号的画法

（2）剖切符号的编号采用阿拉伯数字。

（3）需要转折的剖切位置线，应在转角的外侧注明与该符号相同的编号，如图 1-34 所示。

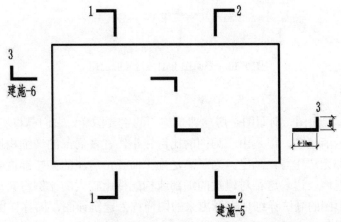

图 1-34　剖视的剖切符号

（4）断面的剖切符号应仅用剖切位置线表示，其编号应注写在剖切位置线的一侧；编号所在的一侧应为该断面的剖视方向，其余同剖切面的剖切符号，如图 1-35 所示。

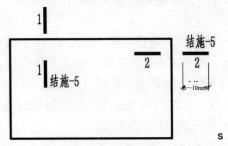

图 1-35　断面的剖切符号

（5）当与被剖切图样不在同一张图内，应在剖切位置线的另一侧注明其所在图纸的编号，也可以在图上集中说明，如"结施-5"。

📢 **注意**：平面图中标识好了剖切符号后，应在剖面图的下方标明相对应的剖面图名称，如 1-1 剖面图等。剖面图的剖切符号范例，如图 1-36 所示。

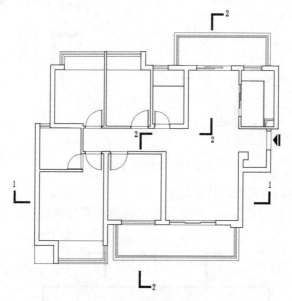

图 1-36 平面图上剖切符号的应用

2. 索引符号

建筑平面图、立面图、剖面图是房屋建筑施工的主要图样，它们已将房屋的整体形状、结构、尺寸等表示清楚了，但是由于画图的比例较小，许多局部的详细构造、尺寸、做法及施工要求图上都无法注写、画出。为了满足施工需要，房屋的某些部位必须绘制较大比例的图样才能清楚地表达。这种对建筑的细部或构配件用较大的比例将其形状、大小、材料和做法按正投影图的画法详细地表示出来的图样称为建筑详图，简称详图。

详图可以是平面、立面、剖面图中的某一个局部的放大图（大样图），也可以是某一断面、某一建筑的节点。

为了清楚地对这些图进行编号，需要清晰地标出索引符号及详图符号。索引符号的圆及水平直径均应用细实线表示，圆的直径为 8～10mm。

索引符号编写应符合如下规定。

（1）当索引出的详图与被索引的详图同在一张图纸内，应在索引符号的上半圆中用阿拉伯数字注明该详图的编号，并在下半圆中间画一段水平细实线，如图 1-37 所示。

（2）当索引出的详图与被索引的详图不在同一张图纸中，应在索引符号的上半圆中用阿拉伯数字注明该详图的编号，在索引符号的下半圆用阿拉伯数字注明该详图所在图纸的编号，如图 1-38 所示。数字较多时，可加文字标注。

（3）索引出的详图，如果采用标准图，则应在索引符号水平直径的延长线上加注标准图册的编号。

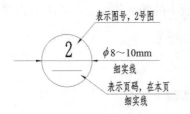

图 1-37　索引出的详图与被索引的
详图在同一张图纸中

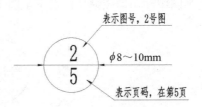

图 1-38　索引出的详图与被索引的
详图不在同一张图纸中

（4）当索引符号用于索引剖视详图时，应在被剖切部位绘制剖切位置线，并以引出线引出索引符号，引出线所在的一侧应绘制剖切位置线，并以引出线引出索引符号，引出线所在的一侧应为剖视方向。剖切线为 10mm 粗实线，如图 1-39 所示。

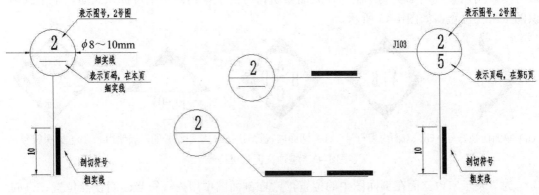

图 1-39　索引图的不同使用

（5）零件、钢筋、杆件及消火栓、配电箱、管井等设备的编号宜以直径为 4～6mm 的圆表示，圆线为细实线，编号为阿拉伯数字按顺序编写，如图 1-40 所示。

图 1-40　零件、钢筋等编号

3．详图符号

详图的位置和编号应以详图符号表示。详图符号的圆直径应为 14mm，线宽为粗实线。详图编号应符合如下规定。

（1）当详图与被索引的图样同在一张图纸内时，应在详图符号内用阿拉伯数字注明详图的编号，如图 1-41 所示。

图 1-41　与被索引图样同在一张图纸内的详图符号

（2）详图与被索引的图样不在同一张图纸内时，应用细实线在详图符号内画一水平直径，在上半圆中注明详图编号，在下半圆中注明被索引的图纸的编号，如图 1-42 所示。

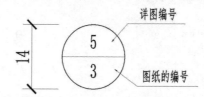

图 1-42 与被索引图样不同在一张图纸内的详图符号

4. 室内立面索引符号

为了表示室内立面在平面上的位置，应在平面图中用内视符号注明视点位置、方向及立面的编号。立面索引符号由直径为 8～12mm 的圆构成，以细实线绘制，并以三角形为投影方向。圆内直线用细实线绘制，在立面索引符号的上半圆内用字母标识立面，下半圆标识图纸所在位置，如图 1-43 所示。

（a）单面内视符号 （b）双面内视符号 （c）四面内视符号 （d）索引符号的扩展使用 （e）索引符号

图 1-43 室内立面索引符号

为了表示室内立面在剖面图中的位置，常在剖面图中用内视符号注明视点位置、方向及立面的编号，如图 1-44 所示。

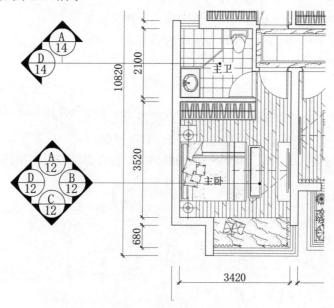

图 1-44 平面图上的内视符号

【课堂小训练】 绘制立面索引符号

要求：按照如图 1-45 所示的步骤，绘制立面索引符号。

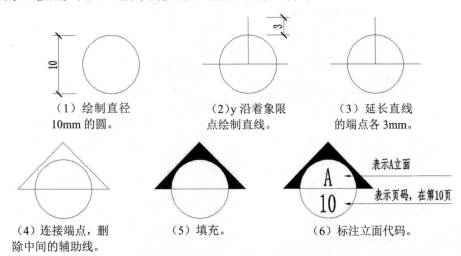

（1）绘制直径　　　　（2）y 沿着象限　　　　（3）延长直线
10mm 的圆。　　　　　点绘制直线。　　　　　的端点各 3mm。

（4）连接端点，删　　　（5）填充。　　　　　（6）标注立面代码。
除中间的辅助线。

图 1-45　立面索引符号的绘制方法

5. 引出线

引注由引点、引出线、引注文字 3 部分组成，绘制引注应注意如下几点。

（1）引点一般用小圆点绘制箭头表示，点一般用直径 1~2mm。

（2）引出线用细实线绘制，宜采用水平方向的直线，与水平方向成 30°、45°、60°、90°的直线，索引详图的引出线，应与水平直径线相连，如图 1-46 所示。

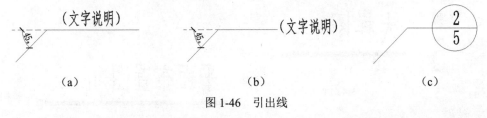

（a）　　　　　　　　　　（b）　　　　　　　　　　（c）

图 1-46　引出线

（3）同时引出的几个相同部分的引出线，宜相互平行，也可以是集中一点的放射线，如图 1-47 所示。

（a）　　　　　　　　　　（b）

图 1-47　共用引出线

（4）引注文字可以写在水平线上方，也可以写在端部。

（5）多层构造或多层管道共用引出线，应通过被引出的各层，并用圆点示意对应各层次。文字说明顺序由上至下，并与被说明的层相一致。如果层次为横向顺序，则由上至下的说明顺序与由左至右的层次一致，如图 1-48 所示。

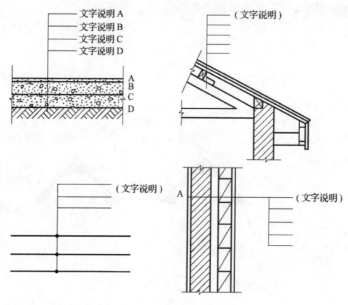

图 1-48　多层共用引出线

6. 图标符号

图标符号是表示图样名称的标题编号，一般分为两种。一种是使用索引符号的样式，如图 1-49 所示；一种是采用简单图标符号的表现样式，简单的图标符号由两根相同长度的平行线组成，上面的水平线为粗实线，下面的水平线为细实线，如图 1-50 所示。

图 1-49　带索引符号的图标符号　　　　　图 1-50　简单图标符号

7. 折断线

折断线又叫边界线，是在绘制的物体比较长而中间形状又相同时，节省界面时使用。制图者只要绘制两端的效果即可，中间不用绘制；或者只要绘制其中一段效果即可，之后就可以在中间或两头绘制折断线。折断线用细实线绘制，如图 1-51 所示。

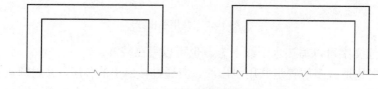

图 1-51　折断符号

【课堂小训练】绘制折断线

要求：按照如图 1-52 所示的步骤，完成折断线的绘制。

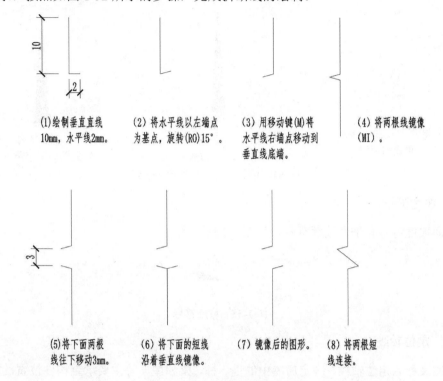

(1) 绘制垂直直线 10mm，水平线2mm。　(2) 将水平线以左端点 为基点，旋转(RO)15°。　(3) 用移动键(M)将 水平线右端点移动到 垂直线底端。　(4) 将两根线镜像 (MI)。

(5) 将下面两根 线往下移动3mm。　(6) 将下面的短线 沿着垂直线镜像。　(7) 镜像后的图形。　(8) 将两根短 线连接。

图 1-52　折断线绘制方法

8. 指北针

在平面图中需要利用指北针表示方位，如图 1-53 所示。指北针的圆直径宜用 24mm，用细实线绘制；指针尾部的宽度为 3mm，指针头部宜注"北"或 N；如果需要用较大直径绘制指北针，则尾部的宽度一般为直径的 1/8。

图 1-53　指北针

【课堂小训练】绘制指北针

要求：按照如图 1-54 所示的步骤，完成指北针的绘制。

 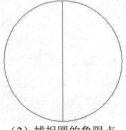 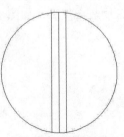

（1）绘制直径 24mm 的圆。　（2）捕捉圆的象限点， 绘制圆的中心直线。　（3）将中心线左右各 偏移（O）1.5mm。

图 1-54　指北针的绘制过程

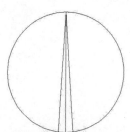 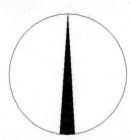 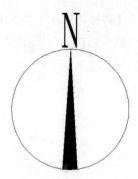

（4）将左右直线的上端点移至中间线的上端点。　　（5）删除（E）中间的线并填充。　　（6）在圆顶部，线的尖端写上字母 N。

图 1-54　指北针的绘制过程（续）

9. 坡度符号

立面坡度符号和平面坡度符号，如图 1-55 所示。

图 1-55　坡度符号

10. 定位轴线

轴线又称为定位轴线，确定房屋中的墙、柱、梁和屋架等主要承重构件位置的基准线，叫定位轴线。它使房屋的平面划分及构配件统一并趋于简单，是结构计算、施工放线、测量定位的依据。

在施工图中定位轴线的标识要符合如下规定。

（1）定位轴线应编号，编号应注写在轴线端部的圆内。圆应用细实线绘制，直径为 8～10mm。定位轴线圆的圆心应在定位轴线的延长线上或延长线的折线上。一般平面图圆圈直径为 8mm，用在详图中时为 10mm。

（2）轴线编号宜标注在平面图的下方与左侧。

（3）编号顺序应从左至右用阿拉伯数字编写，从下至上用拉丁字母编写，其中 I、O、Z 不得用作轴线编号，以免与数字 1、0、2 混淆。如果字母数量不够，可增加双字母或单字母加数字注脚，如图 1-56 所示。

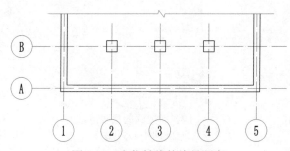

图 1-56　定位轴线的编号顺序

（4）组合较复杂的平面图中定位轴线也可采用分区编号，编号的注写形式应为"分区号–该分区编号"。分区号用阿拉伯数字或大写拉丁字母表示，如图 1-57 所示。

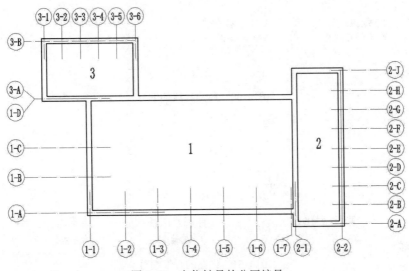

图 1-57　定位轴号的分区编号

（5）圆形或者弧形的平面图的定位轴线，从左下角开始，按逆时针顺序编写序号，其径向轴线宜用阿拉伯数字表示，如图 1-58 所示。

（6）若房屋平面形状为折线，则定位轴线也可以自左到右、自下到上依次编写，如图 1-59 所示。

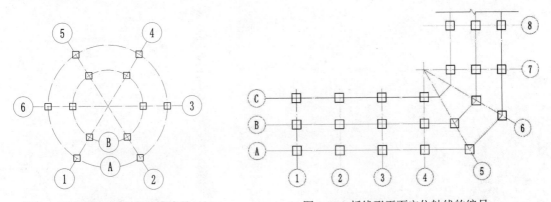

图 1-58　圆形平面定位轴线编号　　　　　图 1-59　折线形平面定位轴线的编号

（7）附加定位轴线的编号，以分数形式表示，两根轴线间的附加轴线，应以分母表示前一轴线的编号，分子表示附加轴线的编号，编号宜用阿拉伯数字顺序书写；若在 1 号轴线或 A 号轴线之前的附加轴线时，分母应以 01 或 0A 表示，如图 1-60 所示。

（8）一个详图同时用几根轴线时，应同时注明各有关轴线的编号，如图 1-61 所示。

小结： 本项目主要讲解建筑制图的相关规范，在后面的制图中严格按照国家制图规范绘图。只有统一制图规范，才能保证图纸的质量及美观。

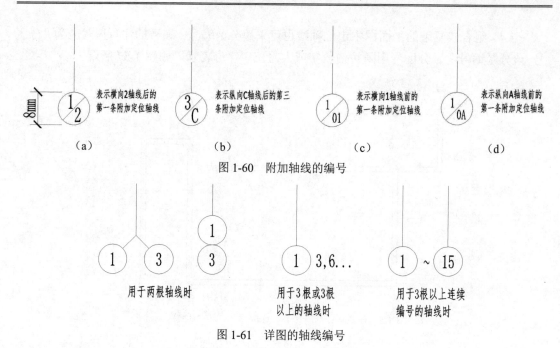

图 1-60　附加轴线的编号

图 1-61　详图的轴线编号

项目 2　装饰施工图基本要求

学习目标

知识目标

📖 建筑装饰施工图的内容构成。
📖 建筑装饰施工图的主要特征。
📖 建筑装饰施工图的表达方式。

能力目标

通过学习建筑装饰施工图的基础理论知识，掌握装饰施工图设计与编制技能。

建议课时：4 课时。

项目情景

在项目 1 的讲解中，主要讲解了建筑制图与室内设计制图的基础知识与一般制图规范。在此基础上，项目 2 进一步讲解装饰施工图；与制图基础内容不同，施工图是一种专业图，主要用于指导项目实施；在本项目中将进一步讲解装饰施工图的方方面面，包括装饰施工图的内容构成、主要特征、表达方式等。

2.1　装饰施工图的内容构成

"工程建设、设计先行"，建筑装饰工程建设是一项复杂的系统工程，不管是普通家居装饰还是大型公建装饰项目，从立项、设计到建成不可能一蹴而就，这其中设计质量是关键环节，因此装饰工程项目的质量常取决于设计质量。

根据住建部《建筑工程设计文件编制深度规定》（2016 版），建筑工程项目设计一般可划分为方案设计阶段与施工图设计阶段，大型的或复杂的工程项目还应划分出初步设计或技术设计阶段。同理，装饰工程设计也可根据具体工程项目的性质特征参照上述进行划分。

如果说方案设计是对业主总体诉求的呼应，是对一个项目的宏观定位，那么施工图设计则是对一个项目的微观定性与定量。在市场竞争激烈的今天，设计方案能否出奇制胜是赢得工程项目的关键，但施工图的设计质量是保证工程项目达到预期效果的重要因素。

2.1.1　装饰施工图与施工图设计的概念

　　装饰施工图是用于表达建筑室内外装饰项目实施的图样。图纸内容一般有平面布置图、天花吊顶平面图、装饰剖/立面图、节点详图与设计说明、构造做法/节点详图、门窗表等，以及文字与表格说明，系统交代有关构配件、装饰用料和施工注意事项等。它既反映了墙、地、天花吊顶 3 个界面的装饰构造、造型处理和节点做法，又表示了家具、软装陈设、绿化等要素的布置。

　　土建项目的一次装饰施工图通常包含在建筑施工图中，二次装饰（精装修）施工图需要根据建筑功能与业主的使用要求进行二次装饰装修设计，并形成相应的精装修施工图。

　　施工图设计是以深入理解业主要求与设计方案创意为基础，对材料选用、施工工艺、饰面处理、灯光照明等要素深入分析，通过 CAD 绘图形成设计文件，使得项目的质量与预期效果可控，并确保装饰工程项目安全可靠。

　　施工图设计通常是一个工程项目设计的最后阶段，这一阶段工作主要是通过深入分析项目实际状况、采取合理技术措施，再通过设计绘图落实具体的尺寸、用料、构配件以及构造节点做法，把设计意图和设计结果完整地表达出来，作为项目实施的主要依据。

2.1.2　施工图设计的服务对象

　　通常装饰施工图主要服务于如下 3 类人群。

1. 业主（或建设单位）

　　对业主而言，装饰施工图是评估项目造价、进行建设招标、组织项目实施以及使用期间进行维护保养的重要依据，合格的施工图文件具备可实施性，能够较好地保证业主的利益。

2. 施工单位

　　普通家装的实施单位是家装公司，大中型公建装饰项目的施工单位包括总承包单位和分包单位以及主材供应商。无论任何建设项目，装饰施工图都是施工单位组织项目生产建造、成品订制加工、设备采购的主要依据；同时也是进行分部分项工程面积计算、数量统计、成本分析、造价核算的主要依据，没有施工图就无法编制工程预、决算，进行成本控制。

3. 审批部门

　　如果是大中型公建的装饰工程项目，需要经过规划、消防、人防、节能、环保等主管部门，主要依据装饰施工图来审查装饰项目是否符合相关法律法规、技术规范和标准。

2.2　装饰施工图的主要特征

2.2.1　施工图设计的严肃性

　　《中华人民共和国建筑法》第五十六条规定："……设计文件应当符合有关法律、行政法规的规定和建筑工程质量、安全标准、建筑工程勘察、设计技术规范以及合同的约定。设计文件选用的建筑材料、建筑构配件设备，应当注明其规格、型号、性能等技术指标，其质量要求必须符合国家规定的标准。"

　　装饰施工图是设计单位最终的"技术产品"，是进行建筑施工的依据，对建设项目建成后的质量及装饰效果负有相应的技术与法律责任。因此施工图最终的产品形态必须是客观合理、真实有效的。施工图设计的最终产品必须能满足业主使用功能和建造实施要求，因而采取合理的技术措施进行设计，并符合建筑防火、节能、人防、环保、无障碍设计等相关设计规范的要求。

　　对于施工单位而言，必须按图施工。未经原设计单位的同意，任何人不得擅自修改施工图纸。在实施过程中因各种原因需要修改的，也应由原设计单位以设计变更图/变更通知单的形式进行设计调整或补充，并与原施工图一起形成完整的施工图设计文件，并在竣工后归档备查。

2.2.2　施工图设计的完整性

　　作为建筑装饰工程项目最后阶段的施工图设计，是对项目的微观定性与定量的设计。如果说方案设计阶段是确定项目做什么、往什么方向做，施工图设计则是确定怎样做。因此，施工图设计犹如先在纸上盖房子，必须处处有交代，寸寸有着落。以平面图为例，装饰施工图的平面图应有：平面布置图（交代空间使用功能），天花平面图（交代天花吊顶的造型、标高、用材与照明灯具等），墙体定位图（交代隔墙改造的准确尺寸），平面地材图（交代地面铺装材料的面积、拼花图案、分界线等），家具布置图（交代各类家具的样式、规格、尺寸与位置）……如若某房间/空间在平面图上受图幅所限、表达过小，则应索引出局部发大图，以充分表达。

　　除图形图纸外，还要采用设计说明、构造做法/节点详图、门窗表等文字与表格，系统交代有关构配件、装饰用料和施工注意事项；总而言之，施工图设计深度必须"索引周详、面面俱到"。而施工图完整准确表达的最终目的在于能指导项目有效实施。

2.2.3　施工图设计的逻辑性

　　通常而言，一个装饰工程项目的效果主要取决于方案设计阶段，能否有效实施落地则取决于施工图设计的优劣。施工图设计的逻辑性主要体现在"逻辑自洽、自圆其说"。

　　装饰施工图需要清晰完整的逻辑表达框架。装饰施工图与建筑施工图的图示方法、尺寸标注、图例代号等基本相同。因此其设计制图与表达应遵守现行建筑制图标准的规定。但装饰工程涉及的范围广、需要详尽交代的细部做法很多，因而节点详图数量更多，使得装饰施工图的内容更加庞杂，特别是较大规模的装饰设计项目。在施工图设计初始阶段，应根据具体工程项目制订编制框架，再按建设施工规律进行逻辑排序。不管施工图怎样编排表达，最基本的出发点是：清晰与简明，方便施工单位的阅读理解与实施建造。

　　如果一套施工图表达逻辑不清、交代不详、错漏百出，势必会导致项目施工费事费力，留下安全隐患，造成经济浪费或经济损失；并且在项目建成后无法实现业主使用功能或难以达到设计师的创意初衷与设计效果，也无法满足业主/建设单位的期望。

2.3 装饰施工图的表达方式

2.3.1 装饰施工图的表达依据

装饰施工图的表达依据，主要有以下国标与行标规范。

（1）《房屋建筑制图统一标准》GBT50001—2017。

（2）《建筑制图标准》GBT_50104—2010。

（3）《房屋建筑室内装饰装修制图标准》JGJ244—2011。

（4）《建筑工程设计文件编制深度规定》（2016版）。

（5）如果装饰装修工程项目涉及户外环境的，还需参照《总图制图标准》GBT_50103—2010、《风景园林制图标准》CJJ/T67—2015等。

2.3.2 装饰施工图的表达框架

1. 装饰施工图设计的思路

依据制图标准、编制规定、逻辑方法，准确有效地表达装饰施工图的内容，体现设计意图，使得施工图具有可实施性，便于业主、施工单位与设备供应商阅读理解与进行项目实施。

2. 装饰施工图的表达框架

目前随着设计行业的发展进步，已形成了约定俗成的施工图编制框架与表达模式。但不同装饰工程项目的区别仍然很大，不同类型的装饰工程项目在施工图上有不同的内容构成，例如家装与工装或各种类型的公建与商业项目，需要根据项目的特点与规模而制订编制框架、图纸内容根据主次逻辑进行排序。装饰施工图的表达框架以及与其他专业图的协同关系如图2-1所示。

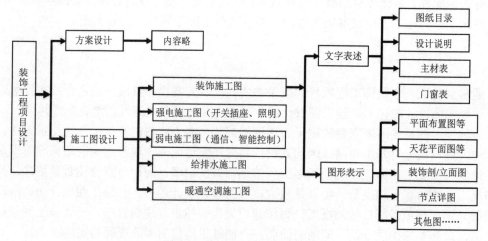

图 2-1 装饰施工图的表达框架

以上对装饰施工图方方面面的理论讲解，就是为了读者能建立正确的施工图设计"认知框架"，并应用于设计实践操作。

项目 3　建筑装饰施工图识读

学习目标

知识目标

📖　了解建筑施工图的分类。

📖　了解施工图首页的构成及作用。

📖　了解建筑总平面图的图示内容及作用。

📖　了解建筑平面图、建筑立面图、建筑剖面图的作用、图示内容及画法与识读方法。

能力目标

掌握建筑详图的作用、图示内容及画法与识读方法。

掌握室内家装建筑施工图的图示内容及画法与识读方法。

建议课时：4课时。

项目情景

建筑项目包含的内容较多，要熟悉掌握这些内容才能更好地完成建筑施工图相关图纸工作。因此本项目主要从建筑装饰施工图内容讲解。

3.1　装饰效果图及施工图

3.1.1　装饰效果图

装饰效果图的定义：装饰效果图是对设计师或装修客户的设计意图和构思进行形象化再现的形式，设计师通过手绘或电脑软件在装修施工前就设计出房子装修后的风格效果的图；可以提前让客户知道以后装修是什么样子。装饰效果图分为室内装饰效果图和室外装饰效果图。一般装饰层面来讲，室内装饰效果图更多见。装饰效果图还分为家装和工装，家装需要根据户型、颜色等进行设计。部分工装需要制作效果图模型，以便更直观地展示效果，如图 3-1 所示。

图 3-1　装饰效果图

3.1.2　装饰施工图

装饰施工图包括图纸目录、设计总说明、原始框架图、墙体改造图、平面布置图、地面布置图、天花布置图、水电布置图、立面索引图、立面图、剖面图、大样图，如图 3-2 所示。

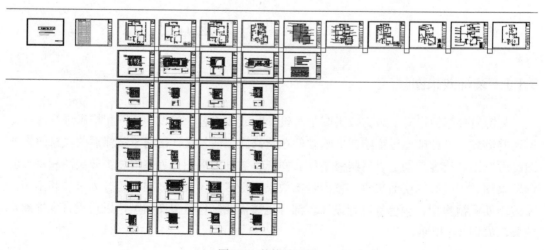

图 3-2　装饰施工图

3.2　建筑装饰图纸绘制

1. 系统图

系统图是在木制部分尚未施工前所使用的图。因现场环境及施工内容的不同，系统图也略有不同。而系统图是跟工程相呼应的，只要是施工项目，就必须绘制系统图，因为在一般的施工流程中，只用文字叙述很难完整地讲解清楚。

2. 图纸目录

图纸目录是了解整个建筑设计整体情况的目录，从其中可以明了图纸数量及出图大小和工程号还有建筑单位及整个建筑物的主要功能，如果图纸目录与实际图纸有出入，必须与建筑设计单位核对情况，如图 3-3 所示。

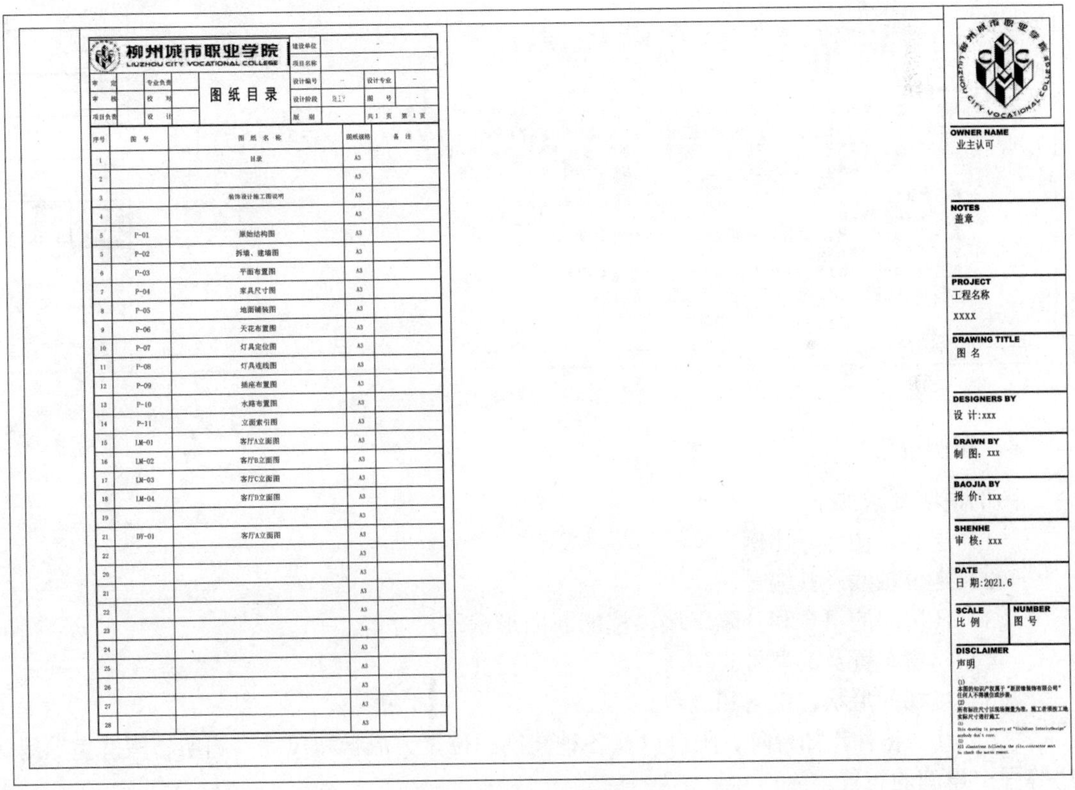

序号	图号	图纸名称	图纸规格	备注
1		目录	A3	
2			A3	
3		装饰设计施工图说明	A3	
4			A3	
5	P-01	原始结构图	A3	
5	P-02	拆墙、建墙图	A3	
6	P-03	平面布置图	A3	
7	P-04	家具尺寸图	A3	
8	P-05	地面铺装图	A3	
9	P-06	天花布置图	A3	
10	P-07	灯具定位图	A3	
11	P-08	灯具连线图	A3	
12	P-09	插座布置图	A3	
13	P-10	水路布置图	A3	
14	P-11	立面索引图	A3	
15	LM-01	客厅A立面图	A3	
16	LM-02	客厅B立面图	A3	
17	LM-03	客厅C立面图	A3	
18	LM-04	客厅D立面图	A3	
19			A3	
21	DY-01	客厅A立面图	A3	
22			A3	
20			A3	
21			A3	
22			A3	
23			A3	
24			A3	
25			A3	
26			A3	
27			A3	
28			A3	

图 3-3　图纸目录

3. 设计总说明

设计总说明主要说明工程的概貌和总的要求，其内容包括本工程设计依据（包括有关的政府批文、地质、水文、气象资料等），设计标准（建筑标准、结构荷载等级、抗震要求、采暖通风要求、照明标准等），技术经济指标（如建筑面积、总造价、单位造价等），建筑用料说明（如砖、混凝土等的强度等级等），施工要求（验收规定要求、施工技术及材料的要求，采用新技术、新材料或有特殊要求的做法说明，图纸中不详之处的补充说明），如图 3-4 所示。

图 3-4　设计说明

4．图例说明

图例说明要求如下。

（1）层高、图名、比例。

（2）定位轴线及其编号。

（3）各房间的组合和分隔，墙、柱的断面形状及尺寸等。

（4）门窗布置及其型号。

（5）楼梯的形状、走向和级数。

（6）其他构件，如台阶、阳台以及各种装饰的位置、形状和尺寸，厕所、盥洗室、厨房等固定设施的布置。

（7）标示出平面图中尺寸和标高，以及某些坡度。

（8）底层平面图中应标示出剖面图的剖切位置线和剖视方向及其编号，以及房屋朝向的指北针。

（9）屋顶平面图应标示出屋顶形状，屋面排水方向、坡度或泛水，以及构配件的位置。

（10）详图索引符号。

（11）各房间名称，必要时注明各房间的有效使用面积。

下面整理了一般工程从开始至完工的流程图，从而使读者知道工程上的施工流程，以便在绘制一户个案的工程系统图时，比较清楚需要绘制哪些系统图。本工程为某户型的三室一厅室内卧室、书房、餐厅装饰设计施工图。

5．原始框架图

原始框架图就是原始房型结构图，图中包含的信息主要有房间的具体尺寸、墙体厚度、层高、房间梁柱位置尺寸、门窗洞口的尺寸位置、各项管井的位置、功能、尺寸等项目，装修公司提供的后续的一切设计图纸都主要以这份原始图为基础，如果对于原始图的测量和标注出现偏差的话，会直接导致此后的设计和施工出现差错；因此，对于原始框架图来说，最重要的就要是测量和标注准确无误，如图 3-5 所示。

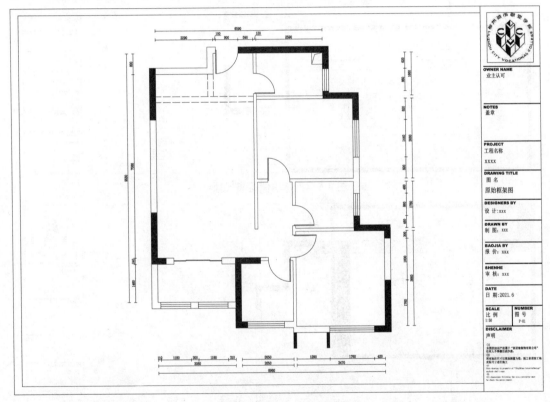

图 3-5　原始框架图

6．墙体改造图

当室内设计因平面配置图影响到原有隔间时，就需修改隔间，所绘制的图要明确标识拆除的位置及尺寸，这样才能减少拆除时所产生的误差及问题。通常情况现场拆除时，也会依据拆除示意图，使用喷漆或者粉笔等工具将需要改造的地方标识在现场需更改及拆除的墙面上。绘制拆除示意图时的注意事项如下。若一段墙面只需拆除一小段的隔间墙面时，需标识距离尺寸，如图 3-6 所示。

当隔间墙遇到开门洞、窗洞或者拆除设备、地面及墙面表面材质时，需加注文字说明，如图 3-7 所示。

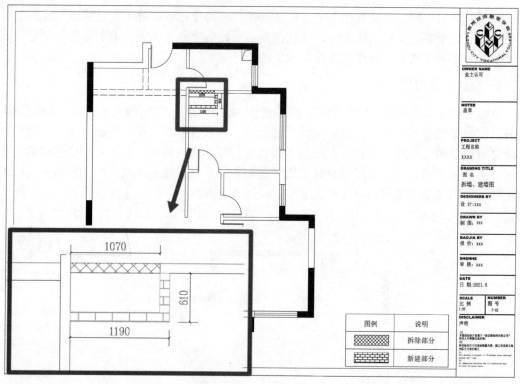

图 3-6 拆除墙面距离尺寸

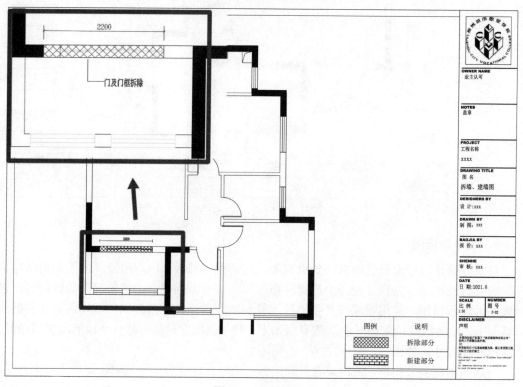

图 3-7 文字说明

墙体改造图不需显示家具配置，否则会使图在标识尺寸时更混乱。在室内隔间采用的材质有 1/2B 砖墙、轻隔间、轻质混凝土墙、木隔间等。而新建墙的尺寸图标识方式，如图 3-8 所示。

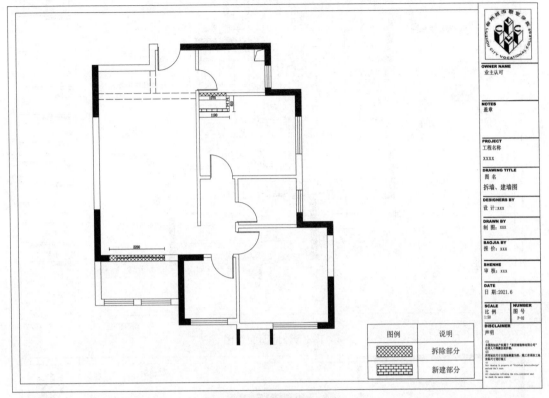

图 3-8   新建区的尺寸图标

同时墙体改造图还要注意下面几个方面。

（1）实际隔间要标识新建隔间的尺寸。

（2）以梁位为基准标识新建隔间的尺寸，例如在一户空间里有多种新建墙的材质，则需利用图例的方式标识。

（3）定水平及垂直点标识新建隔间尺寸。

（4）当四边外墙无法达到垂直及水平，造成墙面、地面有落差的情况下，要定水平和垂直点，以便让误差值减至最小。尤其是地面采用石材搭配石材绲边时，此区域空间的四边隔间若没有校正水平及垂直落差时，则会造成石材大小边缘不够准确的情况。

7．地面布置图

是针对地面材质所需绘制的图。地面材质一般会采用石材、抛光石英石、瓷砖、木地板（实木及复合木地板）、塑料地砖及特殊材质地面等。在绘制表面材质配置图时，需注意施工地面材质的先后顺序，相对的表面材质配置图的画法也略有不同，如图 3-9 所示。

木质柜先施工，之后木地板再施工，如图 3-10 所示。当遇到衣柜时，木地板线条不需延伸至衣柜范围内；但遇到活动家具且是摆设在木地板上，木地板的线条需延伸至家具范围。另外抛光石英石先施工，之后再施工木质柜。而遇到衣柜及活动家具时，地面线条都需延伸至此范围内，如图 3-11 所示。

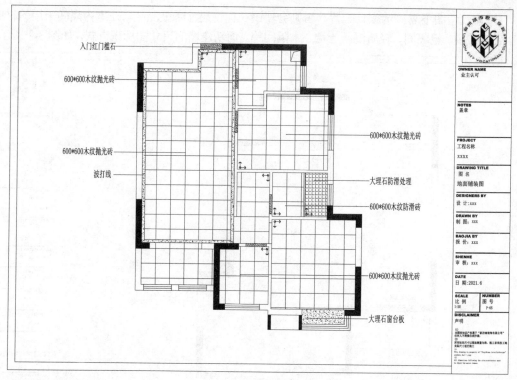

图 3-9　地面布置图

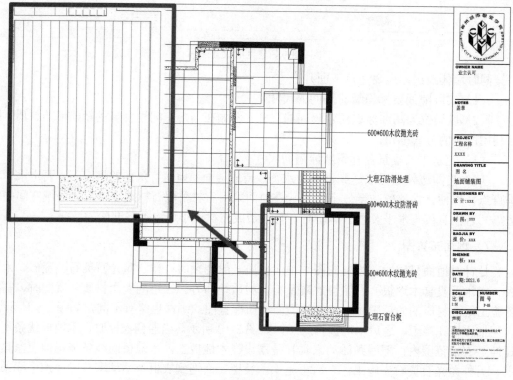

图 3-10　地面线条不延伸至衣柜范围

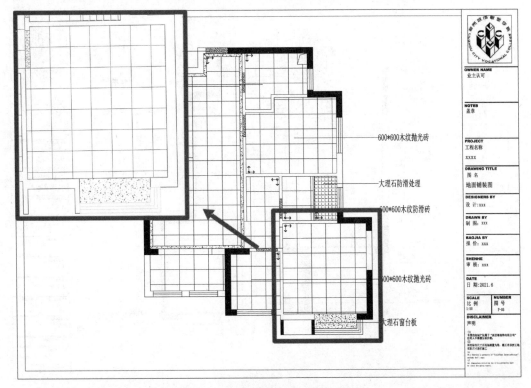

图 3-11　地面线条延伸至衣柜范围

　　综上所述，在木地板部分，一般木制工程及油漆工程施工完毕退场后，才会进行木地板施工；抛光石英石则需在木制工程进场施工前进行施工。由此得知地面施工的先后顺序会影响绘制图现场的区域，地面的每一条线段均以实际施工面积绘制，每一条线段都有它的依据。而在厨房、卫生间及类似的空间，因为墙面都会贴石材或者瓷砖，在表面材质配置图上无法表现出墙面材质及贴法，再者地面与墙面都需对齐缝、对齐分割线。遇到此类空间，可以选择不用绘制表面材质、个别绘制厨房平立面图和卫生间平立面图的方法。

8. 天花布置图

　　为了便于与平面布置图对应，天花布置图通常是采用镜像投影作图。它要求标明天花造型的尺寸定位、灯具位置及详图索引，并应标注天花底面相对于本层地面建筑面层的高度；同时还要注全各房间的名称；还要考虑如下几个方面内容，如图 3-12 所示。

　　（1）建筑主体结构的墙、柱、梁，门窗一般可不表示（或者用虚线表示门窗洞的位置）。

　　（2）天花造型、灯饰、空调风口、排气扇、消防设施（如烟感器等）的轮廓线，条状装饰面材料的排列方向线。

　　（3）建筑主体结构的主要轴线、轴号，主要尺寸（如开间、进深尺寸等）。

　　（4）天花造型及各类设施（如灯具、空调风口、排气扇等）的定型定位尺寸、标高。

9. 灯具配置图

　　现在灯具回路线采用垂直或者水平画法，这样可让灯具回路至开关的路径非常清楚，如图 3-13 所示。

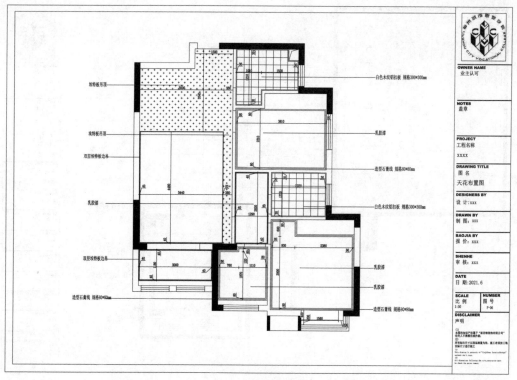

图 3-12　天花布置图

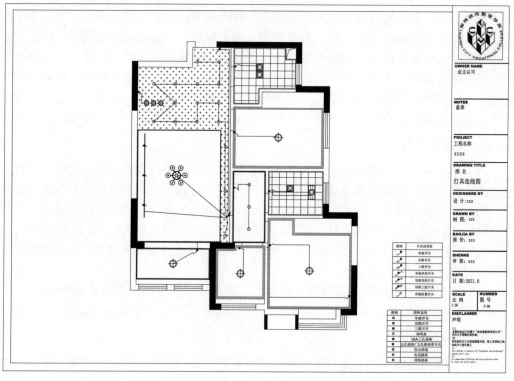

图 3-13　灯具回路线采用垂直或者水平画法

天花板灯具配置图的画法不一定只有一种，而会因空间的面积、空间的动线及灯具回路上的变化有所不同。在绘制上需考虑施工单位能否明确了解配置图的回路路径，不能只有设计者或绘图者明了而已，尤其是天花板灯具配置图的线条是最为复杂的；所以，在绘制此图时需多加思考灯具的线路处理方式。

10. 开关布置图

要以平面配置图及天花板的高度尺寸图为依据，再着手配置天花板灯具开关布置图。灯具布置需考虑如下几个方面。

（1）住户从外面进入室内所使用的灯具及开关。

（2）住户从卧室至室内的公共区域所使用的灯具及开关。

（3）住户从室内的公共区域至卧室所使用的灯具及开关。

（4）全户光源营造的氛围。

（5）动线、格局需考虑住户的习惯。

上述 5 个方面皆会影响灯具和单向及双向回路开关的布置，如图 3-14 和图 3-15 所示。

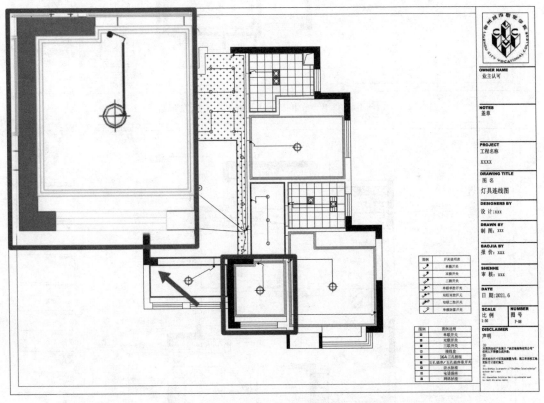

图 3-14　单一空间的单向回路灯具开关布置

11. 插座布置图

开关插座是在装修过程中重要的一部分，这将直接影响入住后的电器使用及合理性；所以装修中要考虑开关插座等的预留。根据室内功能设计需要安排相应的灯头、开关、插座位置及尺寸；除此之外还需考虑如下 3 点，如图 3-16 所示。

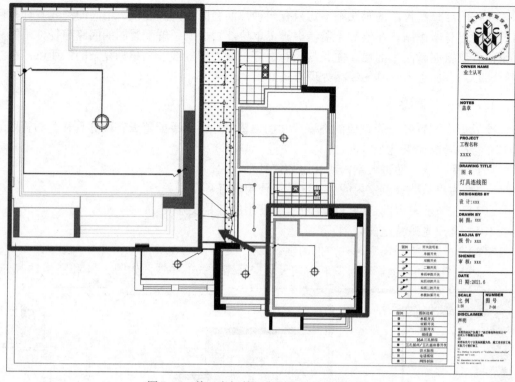

图 3-15　单一空间的双向回路灯具开关布置

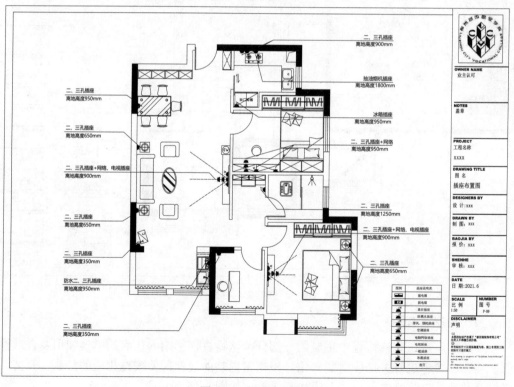

图 3-16　插座布置图

（1）原插座、新增插座、无须使用的插座之间的线型区分。

（2）图中标明新增插座的引线方式、线管的材质、管径、管内穿线数量。

（3）布线中应注意强弱电之间的间距。

12．水路布置图

给水高度会因使用设备造型的不同而有所不同。一般需配置给水的空间有卫生间、厨房、阳台、露台、洗衣间（工作间）等，依配置图上的需要给予冷热水出口。配置给水的位置要尽量居中，标识尺寸时要标识在中心位置，比较特别的是坐式马桶的冷水出口需设置在马桶侧边（而标识尺寸仍以中心点标识），这是因为坐式马桶会因品牌不同，尺寸有所不同，如图 3-17 所示。

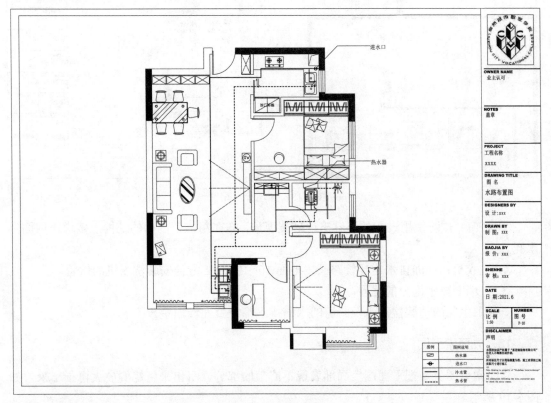

图 3-17　水路布置图

有配置给水就定要配置排水，排水大致上分为地面排水及墙面排水两种。而地面排水通过泄水坡度引导至地面排水孔里；墙面排水是离地约 30～45cm，设置在预埋墙面的排水孔，配置排水需注意如下几点，如图 3-18 所示。

（1）地面排水部分的配置。

① 洗脸盆：其排水通常设置在洗脸盆的下方位置，但若此区域刚好遇到梁位，则设置在不频繁使用的位置即可。

② 淋浴间：通常会设置在淋浴龙头的同一水平面上。

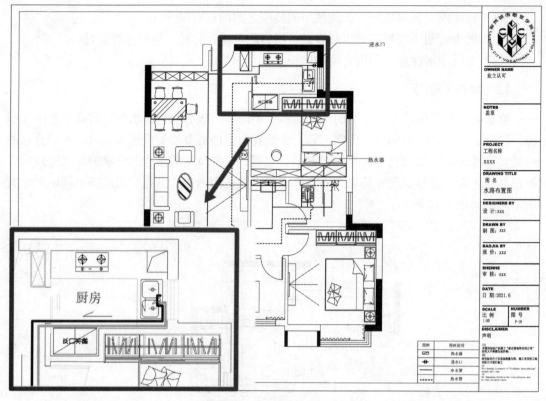

图 3-18　预埋排水孔

③ 浴缸：预防使用过久的浴缸出现破裂现象，需在浴缸范围内的地板上多增设地面排水孔。

④ 洗衣机：地面排水需让管路凸出地面 10～15cm，方便安装洗衣机的软管。

（2）墙面排水部分的配置。

一般卫生间的洗脸盆排水及厨房的水槽排水都设置在墙面中。

13. 立面索引图

立面索引图就是把平面图上局部表现不清楚的部分索引出来将比例放大再画出来，如图 3-19 所示。

14. 立面图

立面图，是对建筑立面的描述，主要是外观上的效果，提供给结构师的信息；具体就是门窗在立面上的标高布置及立面布置以及立面装饰材料及凹凸变化。通常有线的地方就是有面的变化，再就是层高等信息，这也是对结构荷载的取定起作用的数据，如图 3-20 所示。

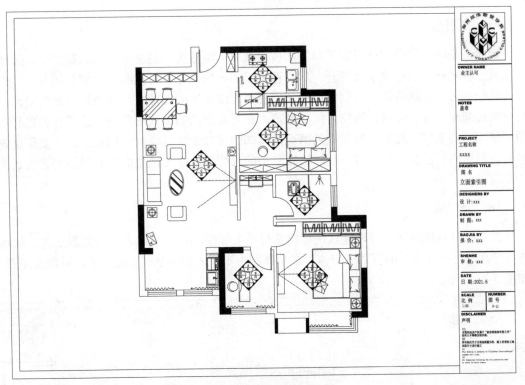

图 3-19 立面索引图

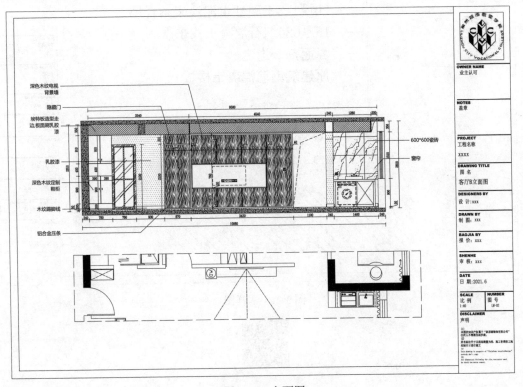

图 3-20 立面图

15．剖面图

剖面图是用剖切平面在建筑平面图的横向或纵向沿建筑物的主要入口、窗洞口、楼梯等位置上将建筑物假想地垂直剖开，然后移去不需要的部分，再把剩余的部分按某一水平方向进行投影而绘制的图形。剖面图的作用是对无法在平面图及立面图表述清楚的局部剖切以表述清建筑设计师对建筑物内部的处理；通过剖面图的形式形象地表达设计思想和意图，使阅图者能够直观地了解工程的概况或局部的详细做法以及材料的使用。主要是反映建筑内部层高、层数不同、内外空间比较复杂的部位，这些都是立面图和平面图无法表达清楚的。

16．大样图

大样图是指针对某一特定区域进行特殊性放大标注，较详细地表示出来。某些形状特殊、开孔或连接较复杂的零件或节点，在整体图中不便表达清楚时，可移出，另画大样图，如图 3-21 所示。

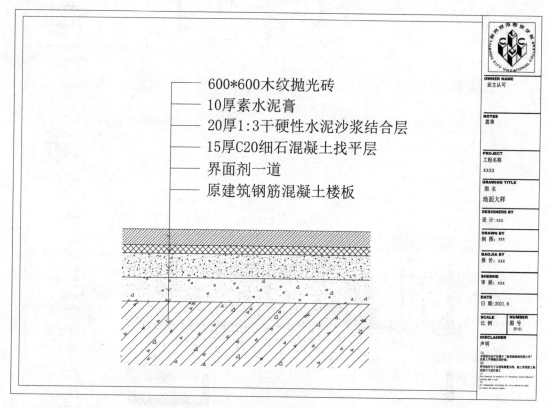

图 3-21　大样图

项目 4 验房及量房

学习目标

知识目标

📖 了解验房及量房的要求。

📖 了解验房及量房需要的工具以及用具。

📖 了解验房及量房步骤及过程。

能力目标

掌握量房的基本知识。

建议课时：8 课时。

项目情景

验房及量房在设计过程中占据着极为重要的地位，在任何设计的初始，量房都是必不可缺的一步，因为建筑并不是完全能按照图纸建出来的，手工批荡总会伴随着各种尺寸上的误差，这时候量房可以把相对应的误差给找出来，从而进行更为贴近该户型的设计。本项目就带领读者走进量房，详细地讲解量房所需要准备的工具以及相关知识。

4.1 验　　房

4.1.1 验房准备工作

验房是一项需要耐心以及细心才能做好的事，在开发商将楼盘建设完毕之后，一般会有统一验房，但是统一验房过后还是会遗留一部分小问题在房子内，像墙面的空鼓以及开裂等，或是地面墙面的不平整、卫生间漏水等。特别是当下流行的精装房，因装修工人的手艺以及整体的工艺性，内部装修水平更是参差不齐，这时候验房的重要性就体现出来了。在交房的时候及时发现问题，向开发商以及物业提出整改，可以避免后期施工甚至施工完成时出现问题。

1. 验房顺序

先看外部：外立面、外墙瓷砖和涂料、单元门、楼道。

再查内部：入户门、门、窗、天棚、墙面、地面、墙砖、地砖、上下水、防水存水、

强弱电、暖气、煤气、通风、排烟、排气。

后测相邻：闭存水试验、水表空转等问题必须和楼上楼下邻居配合。

2．准备工具

验房一般使用以下工具验房，工具及场景演示，如图 4-1～图 4-6 所示。

（1）空鼓槌：一般工具店有售，主要用于验空鼓，在墙面捶打，通过声音判断是否有空鼓。

（2）红外线水平仪：通过水平仪测量地面以及墙面是否平整，有无倾斜。

（3）电笔或者万用表：用于检测开关插座以及强弱电是否畅通。

（4）扫帚：打扫灰尘避免检查出现遗漏。

（5）粉笔：用于画出空鼓以及开裂区域，交由物业或开发商时方便寻找，同时方便第二次查验时寻找空鼓位置。

（6）强光手电：用于精装房墙面找平，通过手电侧打光观察墙面是否有凹凸不平的区域。

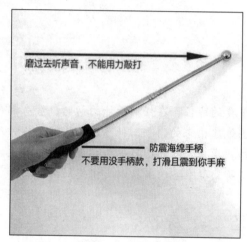

图 4-1　验房响鼓槌

图 4-2　用响鼓槌验房场景

图 4-3　验房水平尺

图 4-4　用水平尺验房场景

图 4-5　验房激光水平仪

图 4-6　卫生间防水测验

4.1.2　验房流程

1．房屋面积

一般情况下，实际面积与房屋合同面积误差在 3%内属于正常误差，误差超过 3%时，可要求以双方合同进行相对应的赔偿。

2．房屋结构

（1）观察结构是否与合同一致。

（2）层高，部分小高层的层高可能会与承诺不符，一般层高要达到 2.8m 左右才合格，太低的层高会感觉很压抑。

3．墙面

（1）查看墙面是否有龟裂现象。

（2）空鼓锤敲击，查看墙面是否有空鼓。

（3）在空鼓及龟裂的区域画圈，标注。

（4）通过水平仪检测墙是否倾斜。

4．地面

（1）查验地面是否有开裂现象。

（2）通过水平仪检测地面是否倾斜以及是否平整。

（3）检查地面是否有空鼓及反砂情况。

5．屋顶

（1）检查屋顶是否有开裂。

（2）水平仪检测屋顶是否倾斜。

（3）通过空鼓锤敲击，检测是否有空鼓。

6. 门窗

（1）检查门窗表面是否扭曲变形、破损、剥落、划痕损伤。

（2）检查门锁和窗锁是否正常安装，能否使用，窗扇密闭性是否完好，玻璃有无损伤。

（3）检查推拉是否顺滑。

7. 电路

（1）查看强弱电回路设置是否合理、路数是否足够；有无漏电保护以及接地保护；配电箱是否正常安装。

（2）检查开关插座是否正常使用，电器灯具是否正常连接。

（3）电表是否正常安装计数。

（4）查看开关插座设置是否合理、开关面板是否完整（多用于精装房）。

8. 水路

（1）水管龙头是否正常安装及能否正常使用，有无漏水现象。

（2）检查地漏以及排污管道是否排水畅通，无堵塞无漏水。

9. 防水

在验房过程中需要观察原有的卫生间是否做有防水，在有防水的情况下通常需要做一次防水测试，将卫生间排水堵上然后放水，水位高度达 10～15cm 即可，同时做好高度标记，于 24 小时后观察水位高度的变化程度，并提前与楼下住户约定时间查看是否发生渗水现象。

10. 常出现的质量问题

验房常见的问题有如下情况，如图 4-7～图 4-12 所示。

图 4-7　墙面出现裂纹

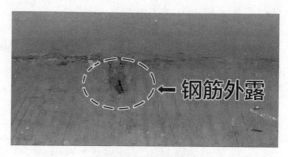

图 4-8　钢筋外露

图 4-9　插座不通电

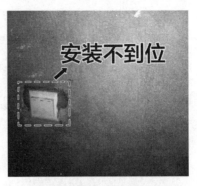

图 4-10　开关安装不到位

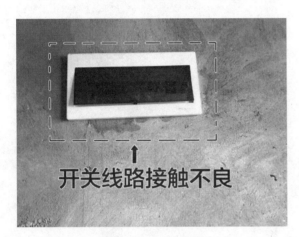

图 4-11　开关接触不良

图 4-12　关门不严

4.2　量　房

4.2.1　量房前的准备

在量房之前需要准备齐相应的工具，才能方便进行对房型的测量以及测绘，那么如何进行一次专业的量房呢？先从准备工具开始。

量房需要准备相应的工具：笔、尺子、电子测距仪、纸张、相机，如图 4-13～图 4-16 所示。

（1）笔：携带 3 色以上的笔，方便对不同结构进行分色测绘，以及对房型结构的尺寸记录，避免单色测绘，使得测绘的数据混乱。

（2）尺子：携带 5m 以上的尺子，对房型结构的尺寸进行测量，记录房型的详细尺寸。

（3）电子测距仪：对房型结构的尺寸进行测量，记录房型的详细尺寸，并且对大于尺子尺寸的数据进行详细测量。

图 4-13　3 色笔

图 4-14　尺子

图 4-15　电子测距仪

图 4-16　纸

（4）纸张：A3 尺寸的纸张，方便记录房型结构以及其对应尺寸。

（5）相机：记录房型的结构，方便后期绘图。

4.2.2　量房的步骤及过程

1．观察

在进入房门后，对整个户型进行一次细致地观察，观看其结构与开发商所给的户型图是否有区别，并且对结构有一个基本的了解。例如，房间的整体格局情况，建筑的墙体走向，门洞和窗口的位置，梁的走向以及管道位置情况等。对结构有所了解之后才能方便后期测绘时确定图纸的比例和方位，为量房以及后期绘图打下良好的基础。

2．测绘

通过观察对整个房型有所了解之后，调整纸张的横竖对整个房型进行测绘，通过纸笔把房型的结构绘制出来。

绘制墙体结构图时，可从入户门起始，然后依次向内部绘制各个空间，绘制时可使用多种颜色表示不同空间以及标注尺寸，例如墙体使用黑色笔，梁使用红色，标注使用蓝色诸如此类，如此绘制使得图纸更为清晰可读，可以降低出错率，如图 4-17 所示。

图 4-17　测绘

3．测量

通过尺子以及电子测绘仪器对整个房型结构进行测量，并在测绘出来的户型中对应的结构线上记录下来。

测量方式如下，如图 4-18～图 4-21 所示。

图 4-18　尺子测量

图 4-19　电子测距仪测量

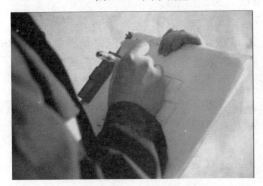

图 4-20　手工记录

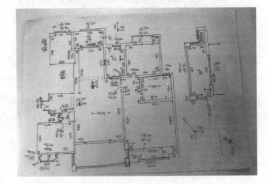

图 4-21　记录数据

（1）卷尺量出房间的长度要紧贴地面测量，高度要紧贴墙体拐角处测量。

（2）了解两个房间之间的空间结构关系。

（3）四面墙体上如果有门、窗、开关、插座、管子等，在纸上简单示意。

（4）测量门本身的长、宽、高，再测量这个门与所属墙体的左、右间隔尺寸，测量门与天花的间隔尺寸。

（5）测量窗本身的长、宽、高，再测量这个窗与所属墙体的左、右间隔尺寸，测量窗与天花的间隔尺寸。

（6）按照门窗的测量方式把开关、插座、管子的尺寸记录；厨房、卫生间要特别注意。

（7）要注意每个房间天花上的横梁尺寸以及固定的位置。

（8）如卫生间等空间，需要测量地面下沉或者抬升的高度时，需在相应位置画出分界线，并标注下沉或者抬高的高度。

（9）测量的数据要详细可靠，不要忘记测量墙体任何一个结构，定位要准确，标写要清晰，以保证进行 CAD 绘制时的准确性。

（10）测量结束后，需把图纸对应户型进行核验，并检查是否有遗漏错误的地方，如梁位、窗户、层高、台阶等附属构件。如有错漏，应及时修正补齐。

4．拍照

对房型的结构进行拍摄，记录房型的结构与整体的状况，以防止后期绘图时忘记现场结构，如图4-22所示。

图 4-22　拍照记录

5．注意事项

（1）绘制平面图应将户型结构画对，标明房间的前后顺序，注明梁柱位置、门窗位置等。

（2）了解哪些墙体是承重墙，墙面材质情况是否为水泥墙面、泥子是否防水、厨卫墙面是否拉毛、阳台墙面是否贴砖、墙体是否垂直、墙面是否开裂等问题。

（3）注意窗户与上梁的高度，是否影响吊顶、装窗帘盒。

（4）测量各种管道、地漏、暖气、煤气表、水表、强弱电箱并标注具体位置。

（5）检查清楚上下水管是否有问题，能否移动或添加地漏。确定电路是否到位，总电表的容量是多少安培，有没有穿线；煤气、天然气是多少立方；观察空调孔是否预留等。

小结：量房是每一位室内设计师必须掌握的一项技能，只有准确无误地做好量房，才能更好地进行后续的工作，如绘制原始结构图、布置方案以及设计等。因此，在量房过程中一定要认真细致地测量以及绘制，尽可能地避免出错增加后期工作。

项目 5 AutoCAD 绘图准备

学习目标

知识目标

📖 了解 AutoCAD 绘图环境。

📖 了解单位、图形界限、文字样式、标注样式、图层等设置方法。

📖 了解捕捉、正交等其他选项的设置方法。

能力目标

掌握 AutoCAD 绘图环境设置的基本知识。

建议课时：8 课时。

项目情景

CAD 绘图前需要建立绘图准备工作，创造绘图环境。因此本项目讲解在 CAD 绘制之前的一些软件基础知识，为后面绘制 CAD 施工图做准备。

5.1 绘图环境设置

1．单位设置

（1）首先打开 AutoCAD 软件，在菜单栏中选择"格式"｜"单位"命令，如图 5-1 所示。

（2）在弹出的"图形单位"对话框中，长度"类型"选择"小数"，角度"类型"选择"十进制度数"，"精度"选择"0"，"插入时的缩放单位"选项组中的"用于缩放插入内容的单位"选择"毫米"，如图 5-2 所示。

2．图形界限

在命令栏中输入快捷命令 Z｜"空格"｜A｜"空格"，图形界限即设置成功，如图 5-3 所示。

3．文字样式

在命令栏中输入快捷命令 ST｜"空格"，在弹出的"文字样式"对话框中，不选中"使用大字体"复选框。在"字体名"下拉列表框中选择"宋体"选项，"宽度因子"为"0.8"，

"图纸文字高度"为"2.5"，如图 5-4～图 5-7 所示。

图 5-1 单位

图 5-2 图形单位

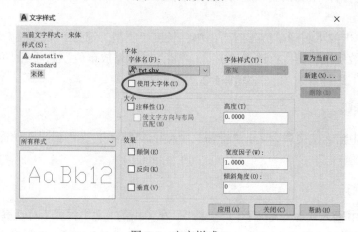

图 5-3 图形界限

图 5-4 文字样式 1

图 5-5　文字样式 2

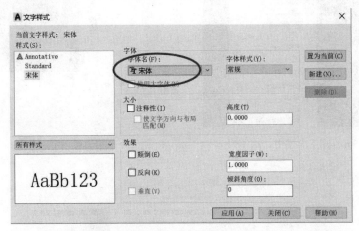

图 5-6　文字样式 3

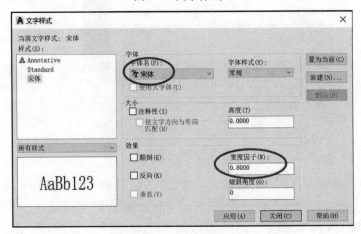

图 5-7　文字样式 4

4. 标注样式

（1）在命令栏中输入快捷命令 D│"空格"或选择"标注"│"标注样式"命令，弹出"标注样式管理器"对话框，单击"新建"按钮，弹出"创建新标注样式"对话框，"新样式名"修改为"标注样式"，如图5-8～图5-10所示。

图 5-8　标注样式 1

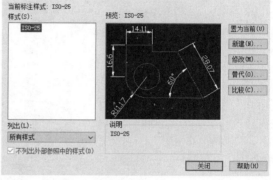

图 5-9　标注样式 2

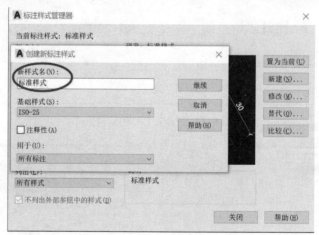

图 5-10　标注样式 3

（2）在"新建标注样式：标准样式"对话框中，选择"线"选项卡，对"尺寸界线"进行调整，将"超出尺寸线"修改为"2"，"起点偏移量"也修改为"2"，选中"固定长度的尺寸界线"复选框并将"长度"修改为"5"。选择"符号和箭头"选项卡，在"箭头"选项组的"第一个"下拉列表框中选择"建筑标记"选项，"第二个"下拉列表框中也选择"建筑标记"选项，"引线"下拉列表框中选择"实心闭合"选项，"箭头大小"修改为"1.5"。选择"文字"选项卡，"文字高度"修改为"2.5"。选择"调整"选项卡，在"调整选项"选项组中选中"文字始终保持在尺寸界线之间"单选按钮,"使用全局比例"修改为"1"。选择"主单位"选项卡,将"精度"修改为"0","舍入"修改为"5"。"换算单位"选项卡及"公差"选项卡按默认设置即可,如图 5-11~图 5-17 所示。

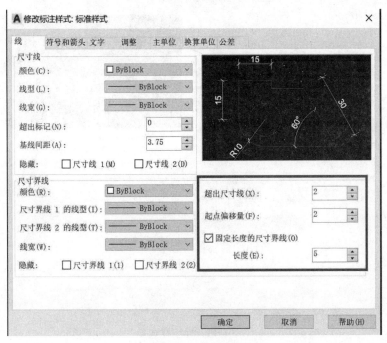

图 5-11 标注样式 4

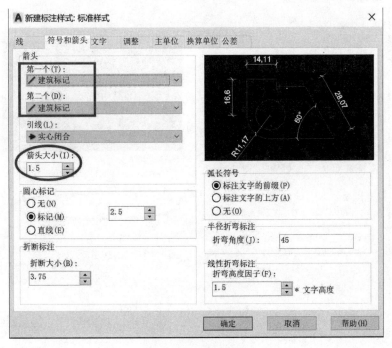

图 5-12 标注样式 5

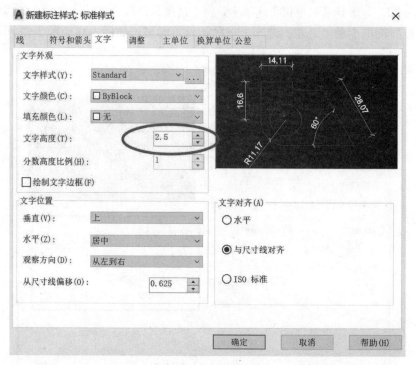

图 5-13　标注样式 6

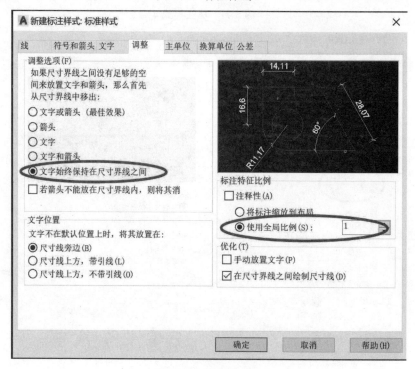

图 5-14　标注样式 7

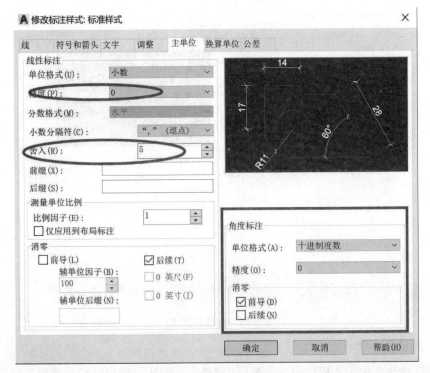

图 5-15　标注样式 8

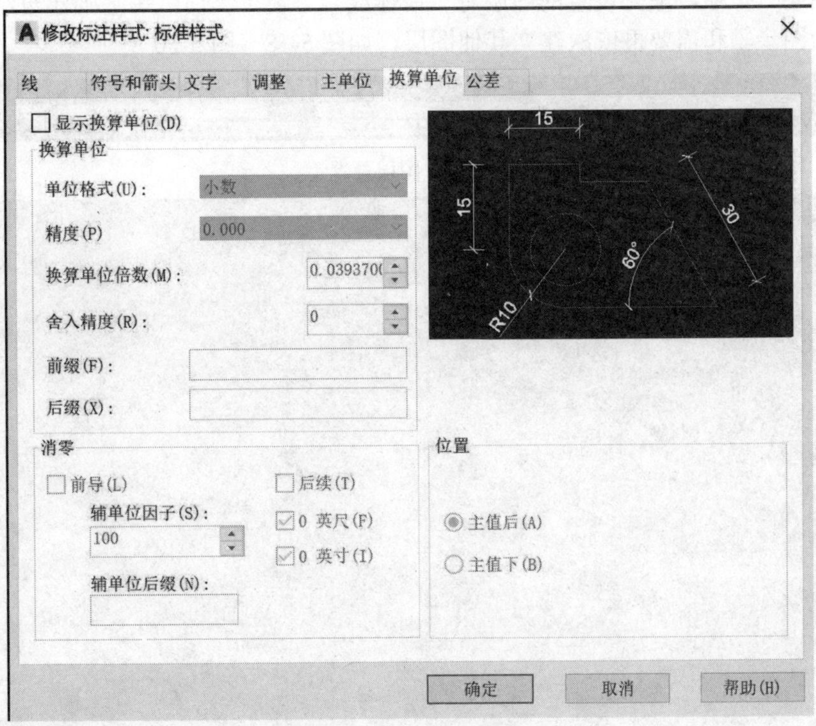

图 5-16　标注样式 9

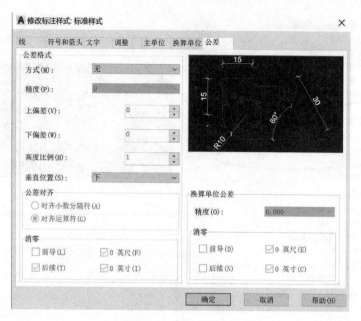

图 5-17　标注样式 10

5．图层设置

（1）在命令栏中输入快捷命令 LA｜"空格"，弹出"图层特性管理器"选项板，单击"新建图层"按钮，最先设置的图层有"墙体线""窗""门"等基础建筑结构图层，然后根据绘图步骤和需要再依次建立其他图层，如图 5-18～图 5-20 所示。

图 5-18　图层设置 1

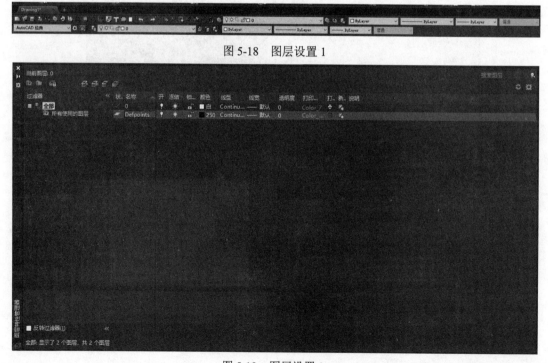

图 5-19　图层设置 2

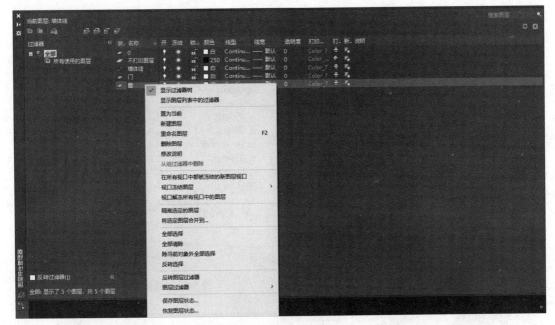

图 5-20　图层设置 3

（2）图层设置注意事项。根据绘图内容设置图层颜色，例如墙体层单独设置一种颜色；特殊线宽规定符号及图框的自由线型单独设置一种颜色；打印细线线宽的内容图层统一设置一种颜色（灰 8）。

（3）严禁在"0"图层绘制图形。

5.2　其他设置

1. 对象捕捉

在 CAD 界面状态栏中右击"对象捕捉"按钮，在弹出的快捷菜单中选择"设置"命令，弹出"草图设置"对话框。选择"对象捕捉"选项卡，单击"全部选择"按钮，具体操作如图 5-21～图 5-23 所示。

图 5-21　捕捉设置 1

2. 正交

（1）画图打开正交目的是让直线垂直。

（2）在绘图前需要先把正交打开，然后按 F8 键打开正交模式，如图 5-24 和图 5-25

所示。

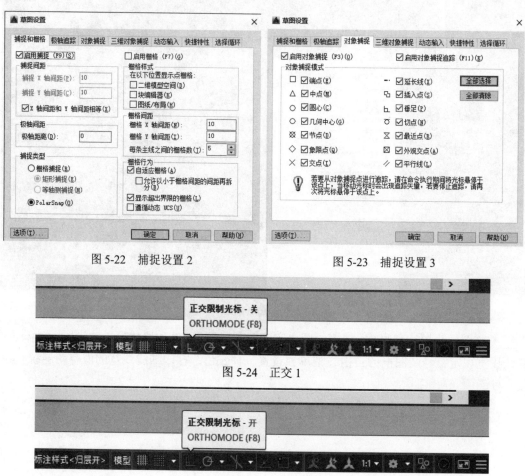

图 5-22　捕捉设置 2　　　　　　　图 5-23　捕捉设置 3

图 5-24　正交 1

图 5-25　正交 2

项目 6 建筑装饰施工图绘图

学习目标

知识目标

📖 了解 CAD "选项"设置，熟悉配置系统设置的一般方法和主要内容。
📖 掌握 CAD 常用二维绘图及编辑命令的使用，并融会贯通，灵活应用。
📖 掌握建筑装饰施工图的绘制过程和步骤。

能力目标

学生能熟练地使用 AutoCAD 2020 绘制建筑装饰设计各种施工图。

建议课时：16 课时。

项目情景

建筑装饰施工图绘制需要标准的尺寸，所表达的内容要求清晰详细，因此要培养学习者严谨的学习态度以及精益求精的精神。

6.1 原始结构图

原始结构图一般需要进行现场测量后，根据现场测量的尺寸 1 : 1 放置到 CAD 界面中，同时把空间结构的所有信息通过文字以及数字表示出来。原始结构图具体绘制步骤如下。

（1）在菜单栏中选择"格式"|"图层"命令，在新开启的页面中选择"新建图层"命令，新图层以名称"原始墙体"命名，颜色为 160 号色，置为当前并进行绘制，如图 6-1 和图 6-2 所示。

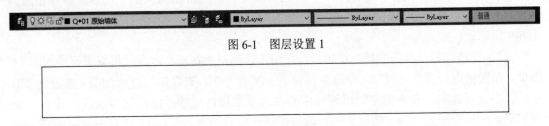

图 6-1　图层设置 1

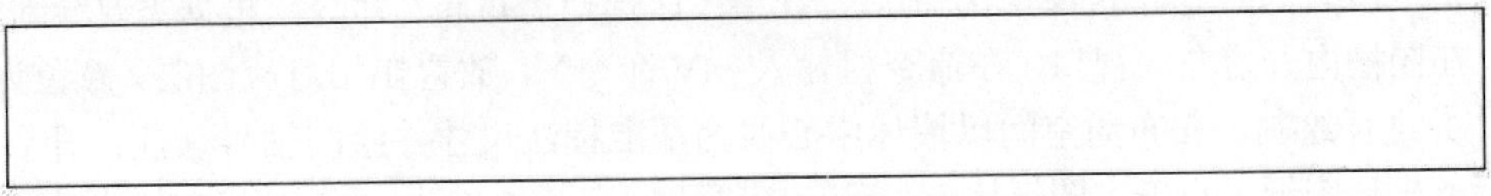

图 6-2　墙体绘制

（2）在菜单栏中选择"格式"|"图层"命令，在新开启的页面中选择"新建图层"

命令，新图层以名称"平面窗户"命名，颜色为 60 号色（窗户线中线为 8 号），置为当前并进行绘制，如图 6-3 和图 6-4 所示。

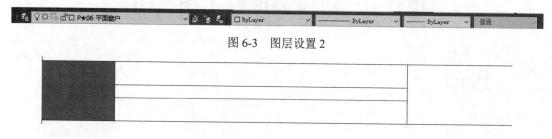

图 6-3　图层设置 2

图 6-4　窗户绘制

（3）在菜单栏中选择"格式"｜"图层"命令，在新开启的页面中选择"墙体图层"命令，置为当前并根据现场测量图进行房间、厨房、客厅、阳台、卫生间等空间的绘制。在绘制厨房时应在图中标示出烟道位置，如图 6-5～图 6-7 所示。

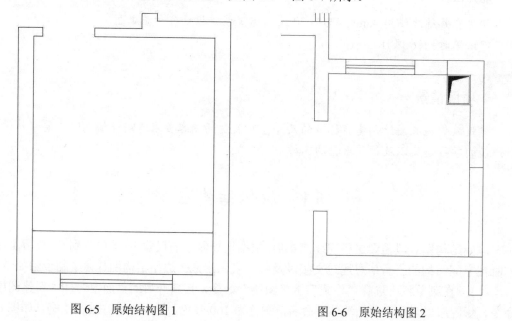

图 6-5　原始结构图 1　　　　　　图 6-6　原始结构图 2

（4）在菜单栏中选择"格式"｜"图层"命令，在新开启的页面中选择"新建图层"命令，新图层以名称"建筑梁位"命名，颜色为 200 号色，线型为 DASH，如图 6-8 和图 6-9 所示。

（5）完成原始结构图的基本绘制后，在绘图区选择"布局"命令，根据需要绘制 1∶1 图框，在图框内开启布局视口（在命令栏输入 MV 命令），放置在相对应图层，颜色为 250 号色，并进行绘制。在布局空间以墙体中心线为基准标注尺寸并绘制轴号（注：开启布局视口后，根据图纸大小确定图纸比例，确定图纸比例有两种方法。① 在状态栏中选择合适比例进行视口比例缩放。② 在命令栏中输入 Z｜"空格"｜"1/75xp"命令，根据实际图纸调节比例。如图纸没有合适的比例，需添加自定义比例），如图 6-10～图 6-17 所示。

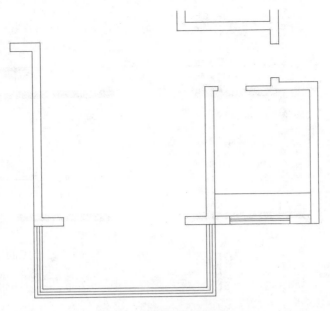

图 6-7　原始结构图绘制 3

图 6-8　图层设置 3

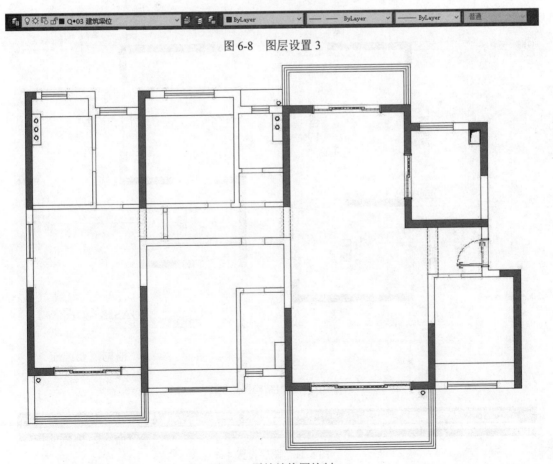

图 6-9　原始结构图绘制 4

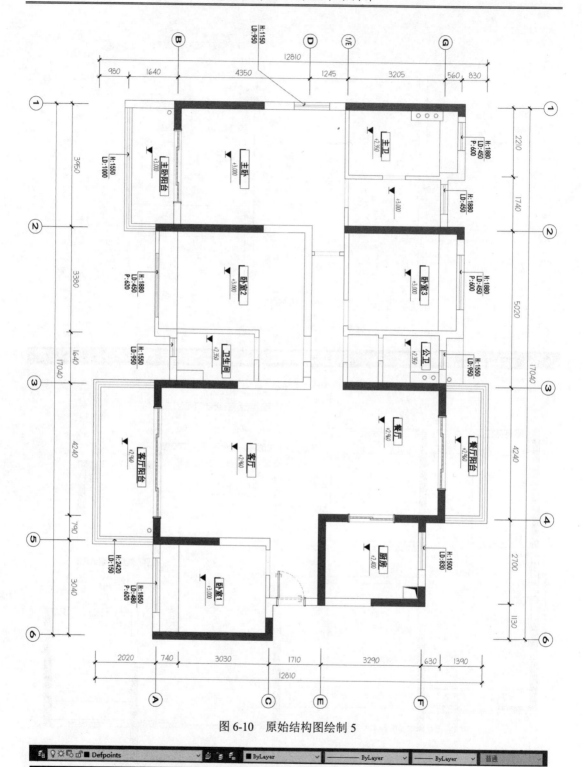

图 6-10　原始结构图绘制 5

图 6-11　图层设置 4

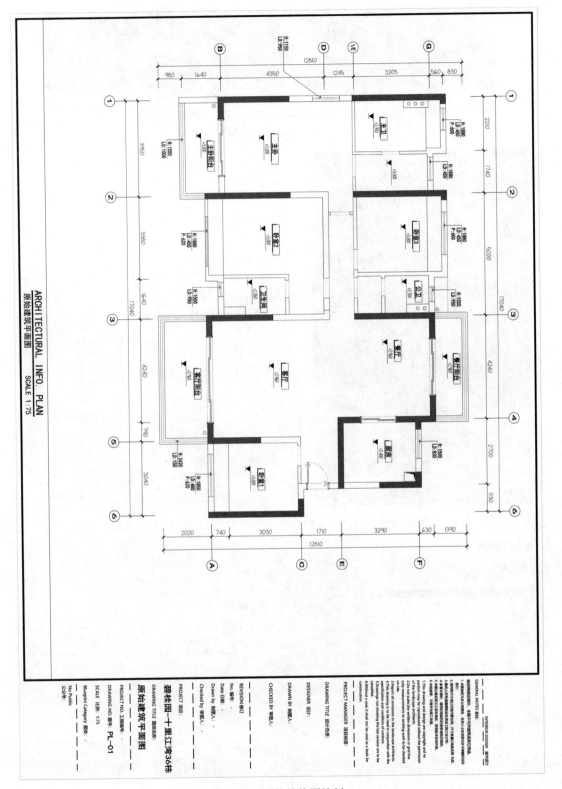

图 6-12　原始结构图绘制 6

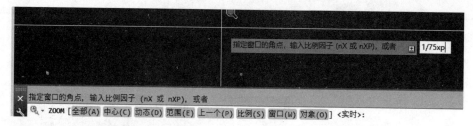

图 6-13　窗口设置

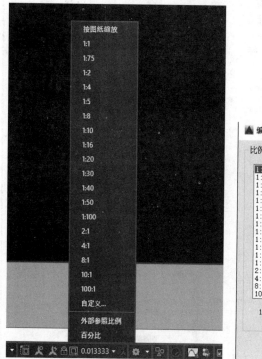

图 6-14　比例设置 1

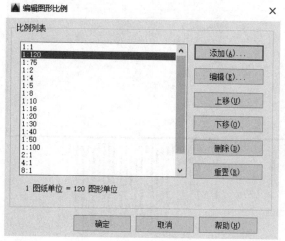

图 6-16　比例设置 3

图 6-15　比例设置 2

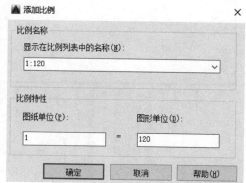

图 6-17　比例设置 4

6.2 墙体改造图

墙体改造图需要把拆除和新建部分墙体通过填充对应图例进行表达，以方便工人进行定位。以下为墙体改造图的绘图方法。墙体改造图的具体绘制步骤如下。

（1）在布局空间中对原始结构图进行复制，复制后把原建筑信息（门、梁）冻结，如图 6-18 所示。

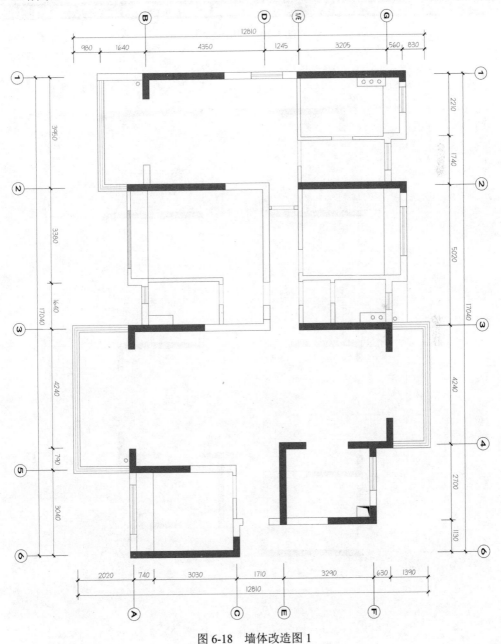

图 6-18 墙体改造图 1

（2）在菜单栏中选择"格式"｜"图层"命令，在新开启的页面中选择"新建图层"命令，新图层以名称"拆除系统"命名，颜色为 30 号色，置为当前，绘制出拆除墙体部分，如图 6-19～图 6-21 所示。

说明：室内装饰、原室内门窗部分都需拆除

拆除部分

图 6-19   图例 1

图 6-20   图层设置 1

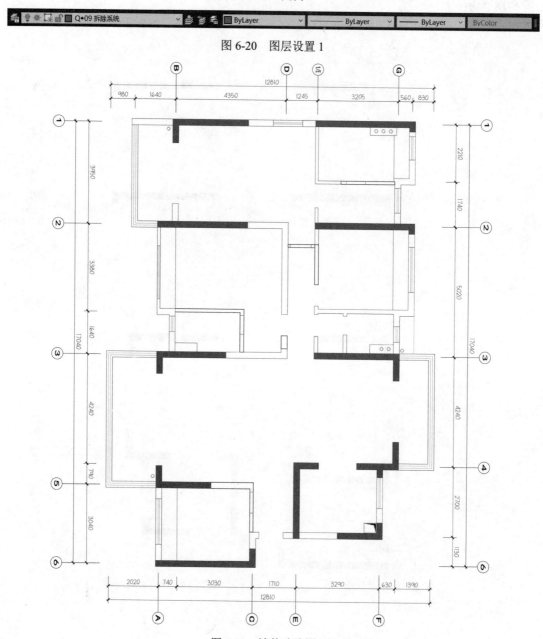

图 6-21   墙体改造图 2

（3）在菜单栏中选择"格式"｜"图层"命令，在新开启的页面中选择"新建图层"命令，新图层以"拆除标注"命名，颜色为 50 号色，置为当前。在菜单栏中选择"格式"｜"图层"命令，在新开启的页面中选择"新建图层"命令，新图层以"拆除填充"命名，颜色为 250 号色，置为当前，如图 6-22 和图 6-23 所示。

图 6-22　图层设置 2

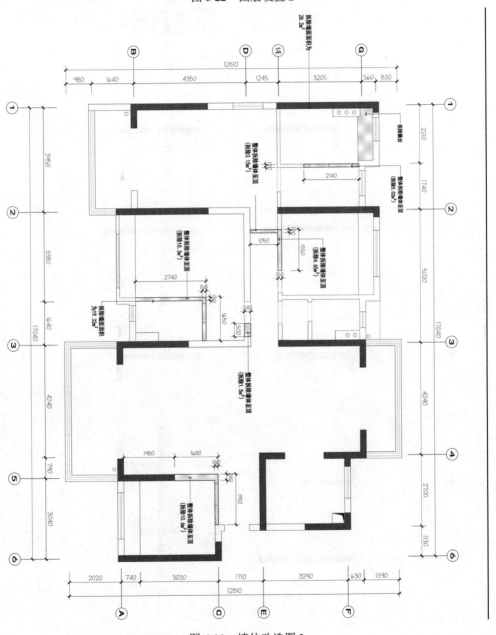

图 6-23　墙体改造图 3

（4）在菜单栏中选择"格式"｜"图层"命令，在新开启的页面中选择"新建图层"命令，新图层以名称"新建墙体"命名，颜色为 7 号色，置为当前。同时绘制出新建墙体填充图例（注：新建墙图可以和拆改图合并为一张图，但前提要求拆墙图和新建墙图没有重合的部分），如图 6-24～图 6-26 所示。

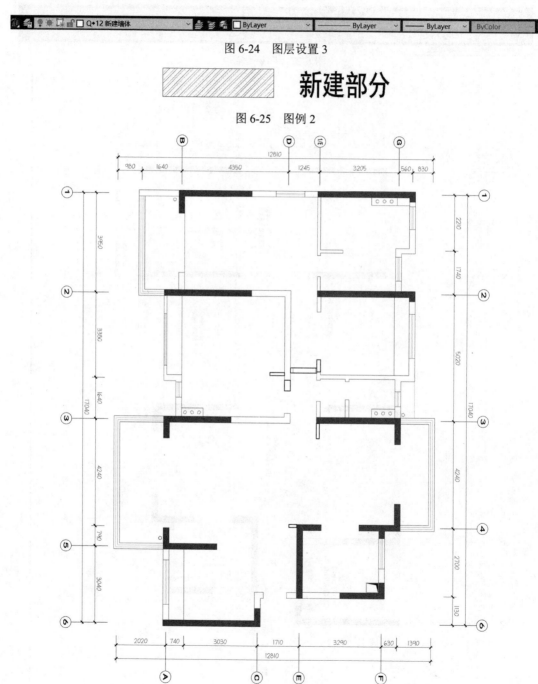

图 6-24　图层设置 3

图 6-25　图例 2

图 6-26　墙体改造图 4

（5）在菜单栏中选择"格式" | "图层"命令，在新开启的页面中选择"新建图层"命令，新图层以名称"新建尺寸"命名，颜色为 50 号色，置为当前。在菜单栏中选择"格式" | "图层"命令，在新开启的页面中选择"新建图层"命令，新图层以名称"新建填充"命名，颜色为 250 号色，置为当前，如图 6-27 和图 6-28 所示。

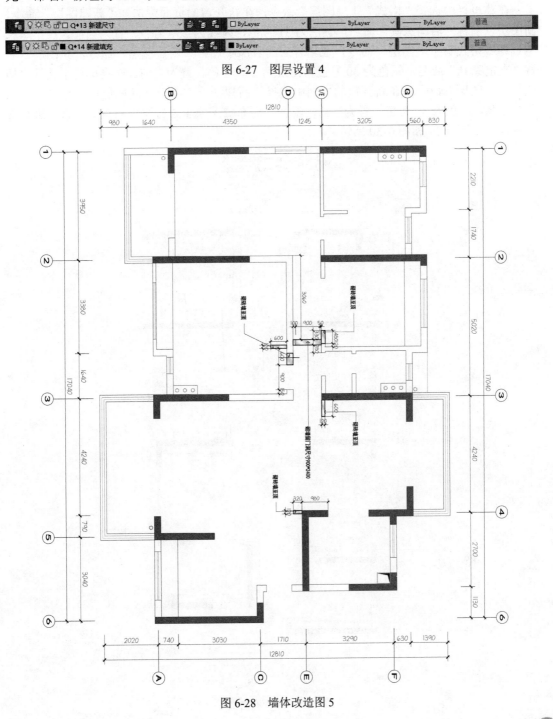

图 6-27　图层设置 4

图 6-28　墙体改造图 5

6.3 平面布置图

平面布置图需要根据业主的需求和空间的结构进行布置。以下为平面图绘图的方法。

在菜单栏中选择"格式"｜"图层"命令，在新开启的页面中选择"新建图层"命令，新图层以名称"活动家具"命名，颜色为 51 号色，内线为 250 号色，置为当前。在菜单栏中选择"格式"｜"图层"命令，在新开启的页面中选择"新建图层"命令，新图层以名称"固定家具"命名，颜色为 30 号色，内线为 250 号色，置为当前。在菜单栏中选择"格式"｜"图层"命令，在新开启的页面中选择"新建图层"命令，新图层以名称"平面洁具"命名，颜色为 31 号色，置为当前。根据平面布置图要求进行平面布置，对家具进行文字标注，如图 6-29 和图 6-30 所示。

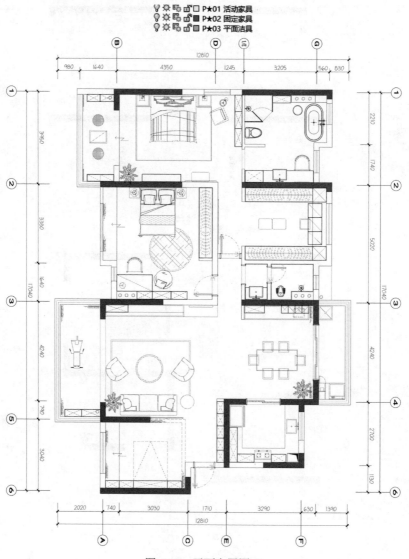

图 6-29　平面布置图 1

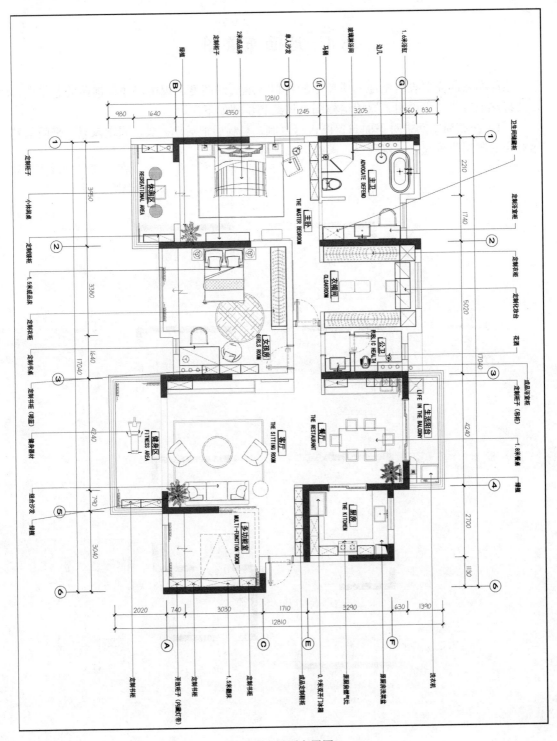

图 6-30　平面布置图 2

6.4　地面布置图

地面布置图需要表达出地面所使用的材料，地面的高度、规格尺寸、铺砖的起始点，以及特殊地方的文字说明。原始结构图具体绘制步骤如下。

（1）在布局空间中对平面布置图进行复制，复制后把活动家具、固定家具、平面洁具相对应的图层隐藏起来，得到以下图纸，如图 6-31 所示。

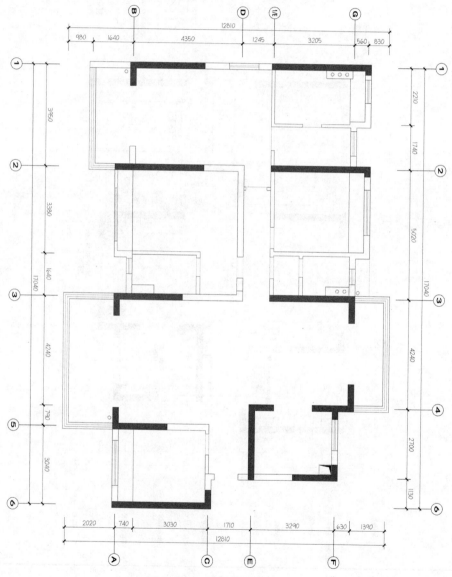

图 6-31　地面布置图 1

（2）在菜单栏中选择"格式" | "图层"命令，在新开启的页面中选择"新建图层"命令，新图层以名称"地材填充"命名，颜色为 250 号色，置为当前。同时需要绘制铺装

起始点的图例，如图 6-32 和图 6-33 所示。

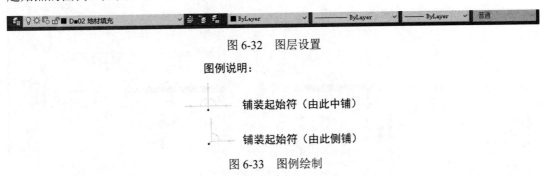

图 6-32　图层设置

图例说明：

铺装起始符（由此中铺）

铺装起始符（由此侧铺）

图 6-33　图例绘制

（3）根据设计要求，把相对应区域进行填充，同时对地面高度、区域名称进行文字标注，如图 6-34 和图 6-35 所示。

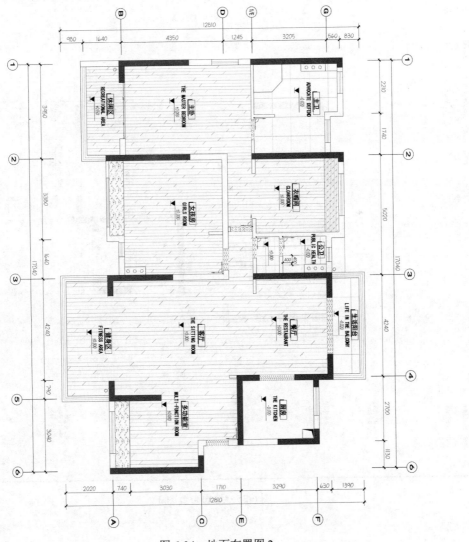

图 6-34　地面布置图 2

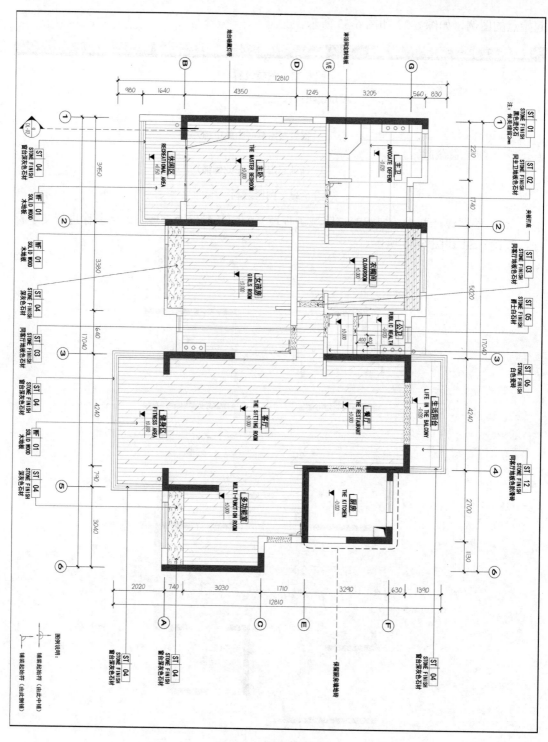

图 6-35　地面布置图 3

6.5　天花材料图

天花材料图需根据设计进行天花造型线绘制，并标示出吊顶的高度、吊顶所使用的材料以及详细结构节点索引图等。天花材料图具体绘制步骤如下。

（1）在布局空间中对平面布置图进行复制，复制后把活动家具、固定家具、平面洁具相对应的图层隐藏起来，得到以下图纸，如图 6-36 所示。

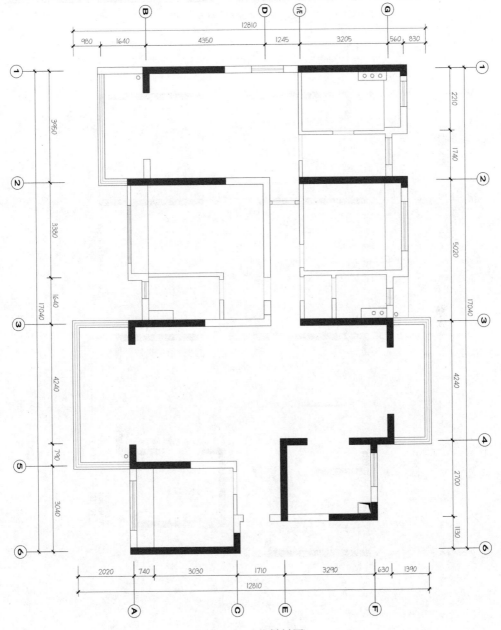

图 6-36　天花材料图 1

（2）在菜单栏中选择"格式"｜"图层"命令，在新开启的页面中选择"新建图层"命令，新图层以名称"天花造型"命名，颜色为 250 号色，置为当前。在菜单栏中选择"格式"｜"图层"命令，在新开启的页面中选择"新建图层"命令，新图层以名称"平面底图"命名，颜色为 250 号色，线型设置为 DASH，置为当前，如图 6-37～图 6-40 所示。

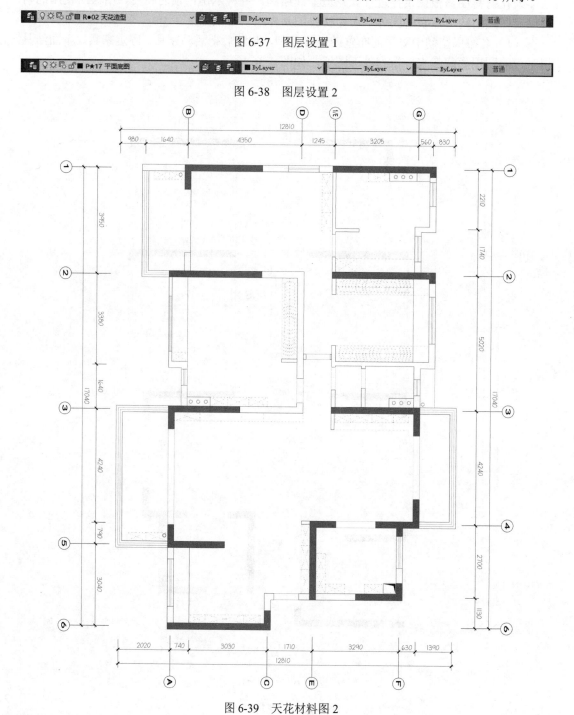

图 6-37　图层设置 1

图 6-38　图层设置 2

图 6-39　天花材料图 2

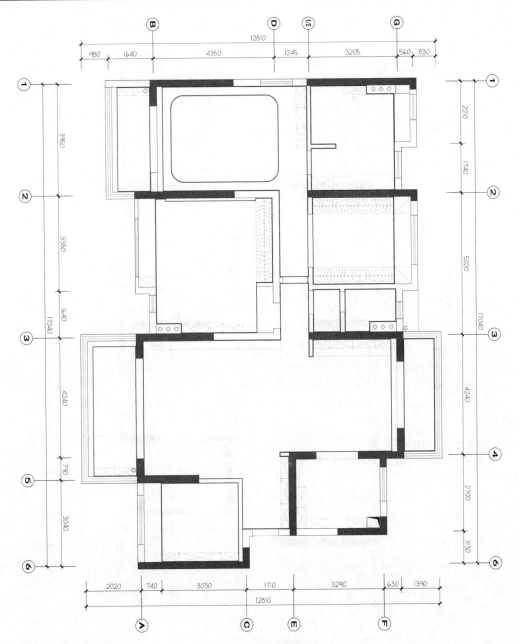

图 6-40　天花材料图 3

（3）在菜单栏中选择"格式"｜"图层"命令，在新开启的页面中选择"新建图层"命令，新图层以名称"天花灯具"命名，颜色为 31 号色，置为当前。同时绘制天花图例，并根据设计把天花灯具放入天花图中，最后补充和完善天花吊顶区域的标高、材料标识以及需要单独索引的天花节点部分，如图 6-41～图 6-44 所示。

图 6-41　图层设置 3

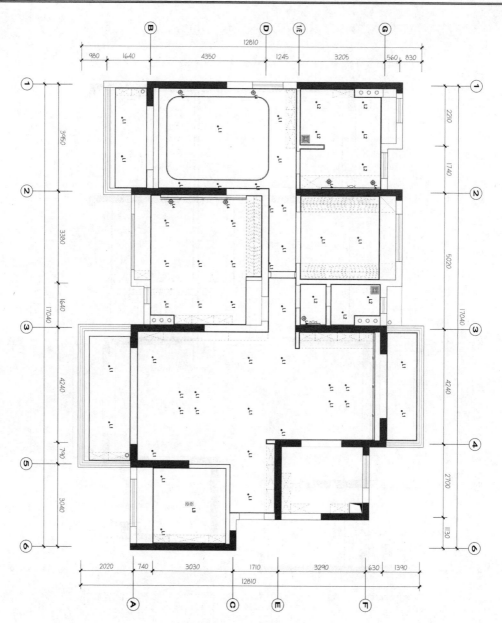

图 6-42　天花材料图 4

天花图块图例

序号	图例	说明
L1	◯	50小孔LED射灯
L2	◉	防雾筒灯
L3	▦	双头射灯
L4	◉	装饰吊灯
L5	—	暗藏灯带
L6	▭	镜前灯
L7	▨	排风扇

图 6-43　图例绘制

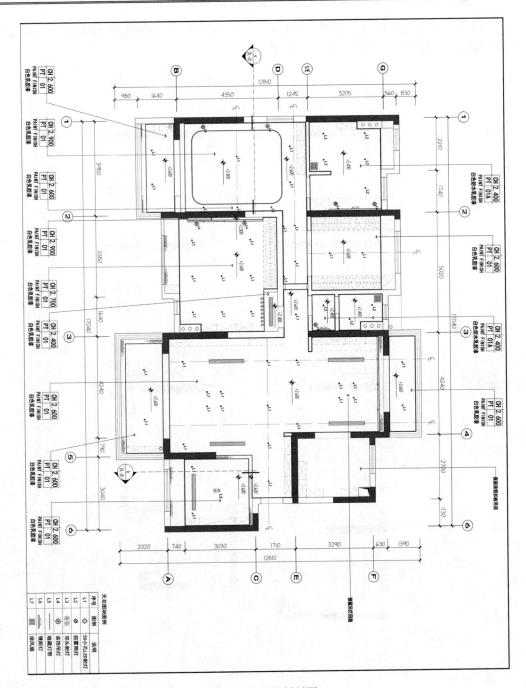

图 6-44　天花材料图 5

6.6　天花灯具图

天花灯具图主要表达天花灯具的位置,方便施工现场准确定位。天花灯具图具体绘制
步骤如下。

（1）在布局空间中对天花布置图进行复制，复制后把文字说明以及材料标识相对应的图层隐藏起来，得到以下图纸，如图 6-45 所示。

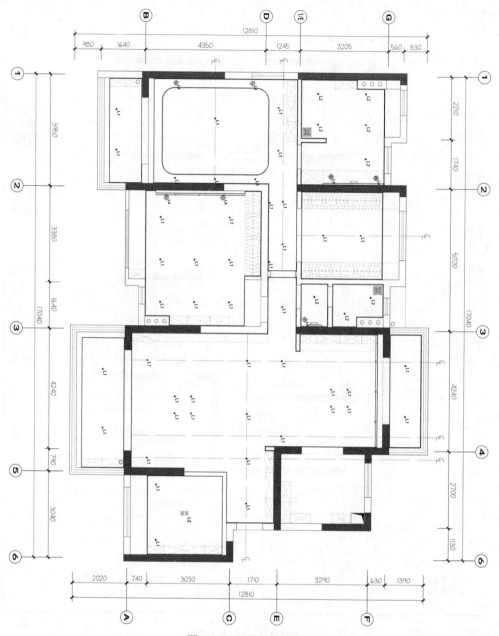

图 6-45 天花灯具图 1

（2）在菜单栏中选择"格式" | "图层"命令，在新开启的页面中选择"新建图层"命令，新图层以名称"灯具标注"命名，颜色为 50 号色，置为当前，并对灯具之间的距离进行标注，如图 6-46 和图 6-47 所示。

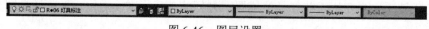

图 6-46 图层设置

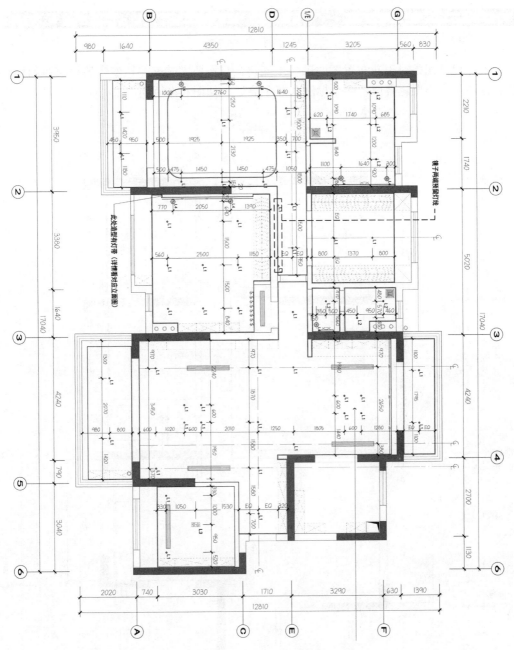

图 6-47　天花灯具图 2

6.7　天花尺寸图

　　在菜单栏中选择"格式"｜"图层"命令，在新开启的页面中选择"新建图层"命令，新图层以名称"天花标注"命名，颜色为 44 号色，置为当前，对天花布置图进行标注，如图 6-48 所示。

图 6-48　图层设置

　　天花尺寸图是对天花布置图的进一步深化，只需要完善天花造型线的轮廓线的标注，注意标注尽量不要重叠或者两个标注太过于靠近，如图 6-49 所示。

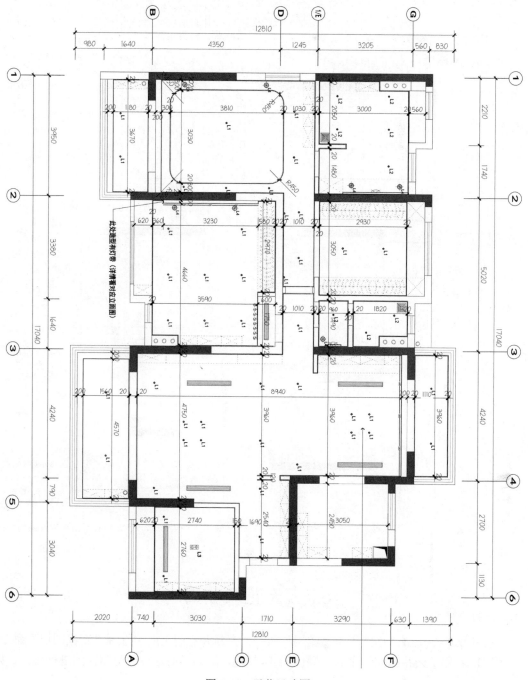

图 6-49　天花尺寸图

6.8　水电布置图

在建筑装饰施工图绘制中水电布置图主要分为两个部分：一是插座布置图，需要把插座位置、数量表达清楚，以方便后期水电定位；二是水路图，需要标注出热水与冷水，以方便后期施工。水电布置图具体绘制步骤如下。

（1）在布局空间中对平面布置图进行复制，复制后把平面布置图设置为平面底图图层，得到以下图纸，如图 6-50 所示。

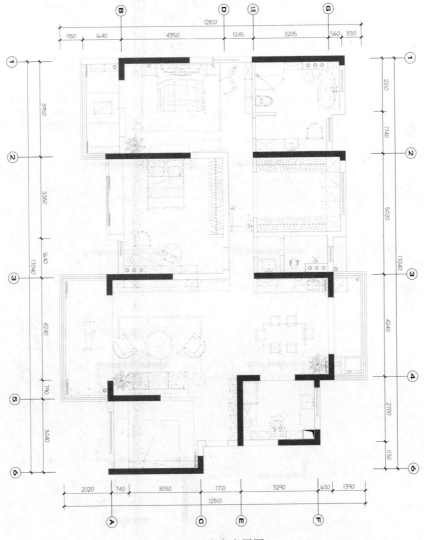

图 6-50　水电布置图 1

（2）在菜单栏中选择"格式"|"图层"命令，在新开启的页面中选择"新建图层"命令，新图层以名称"平面插座"命名，颜色为 31 号色，置为当前，并绘制出插座图例，如图 6-51～图 6-54 所示。

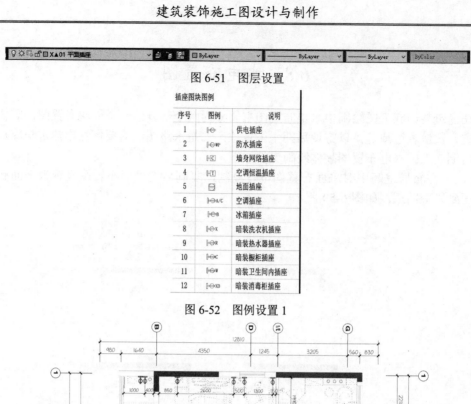

图 6-51　图层设置

插座图块图例

序号	图例	说明
1	⊩⊝	供电插座
2	⊩⊝WP	防水插座
3	⊩©C	墙身网络插座
4	⊩©T	空调恒温插座
5	⊟	地面插座
6	⊩⊝A/C	空调插座
7	⊩⊝B	冰箱插座
8	⊩⊝X	暗装洗衣机插座
9	⊩⊝R	暗装热水器插座
10	⊩⊝C	暗装橱柜插座
11	⊩⊝W	暗装卫生间内插座
12	⊩⊝XD	暗装消毒柜插座

图 6-52　图例设置 1

图 6-53　水电布置图 2

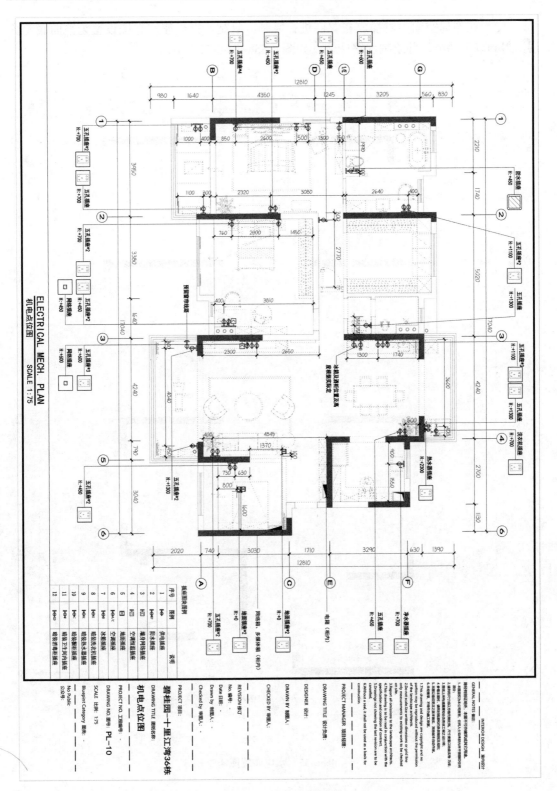

图6-54　水电布置图3

（3）在布局空间中对插座布置图进行复制，复制后把插座布置图设置为平面底图图层，得到以下图纸，并绘制水路图例，如图 6-55～图 6-57 所示。

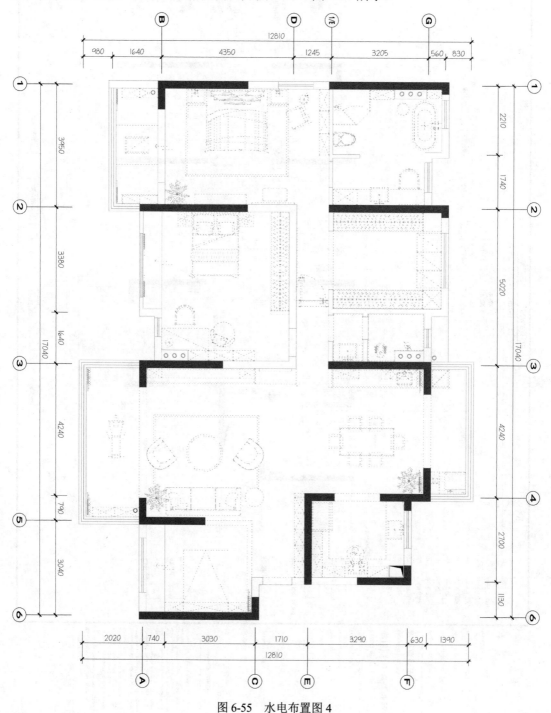

图 6-55　水电布置图 4

说明:
1. 图中水口预留定位点未标注的, 参照上表安装.
2. 橱柜水位由橱柜公司提供

图例	名称	备注
——	冷水	
----	热水	
♀	冷水进水口	
●	热水进水口	
♀T	拖布池冷水进水口	离地高度H=700
♀B	坐便冷水进水口	离地高度H=150
♀●M	面盆、菜盆冷热进水口	离地高度H=450 间距150
♀Y	洗衣机冷水进水口	离地高度H=1200
OJ	净水器直饮点	
♀●L	淋浴冷热进水口	离地高度H=1100 间距150
♀●R	热水器冷热水口	离地高度H=1800 间距150
○	下水口	
▨	金属地漏	
▨	PVC普通地漏	
▨	洗衣机地漏	

图 6-56 图例设置 2

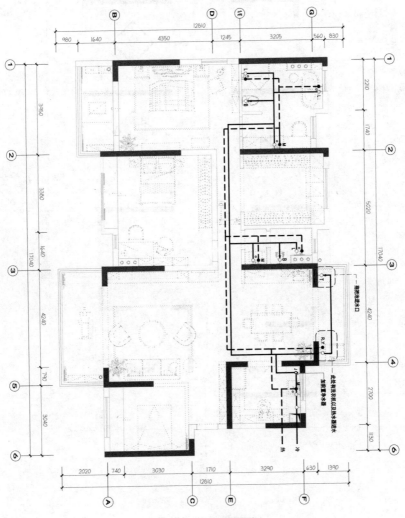

图 6-57 水电布置图 5

6.9　立面索引图

　　立面索引图是为绘制立面图所准备的编号，一组编号对应一个立面，箭头所指的方向即为视野所看到的方向，如图6-58所示。

　　在布局空间中对平面布置图进行复制，复制后把平面布置图设置为平面底图图层，把需要绘制的立面在平面中放置，得到立面索引图，如图6-59所示。

图6-58　立面索引图1

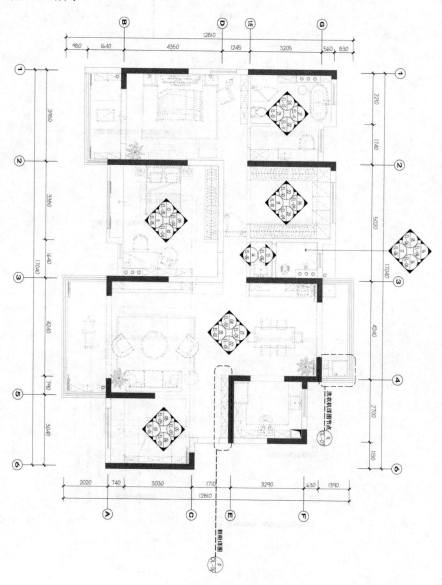

图6-59　立面索引图2

6.10　立面设计图

立面设计图需要根据设计，对墙面的造型内容进行绘制，并清晰地注释出立面的结构和立面所需要的材料、尺寸。

由于立面图的特殊性，可不使用图层绘制，首先需要按照立面索引图所指的方向，结合设计与实际现场，对建筑的框架以及框架线进行绘制，确认建筑框架线无误后，对天花的轮廓线进行补充，并进行标注，同时按照设计要求对立面的造型和材料进行绘制。最后对材料以及造型进行注释和标注文字说明（家具线颜色建议选为 1 号色，线型为 DASH），如图 6-60～图 6-64 所示。

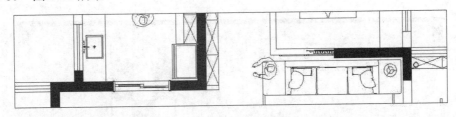

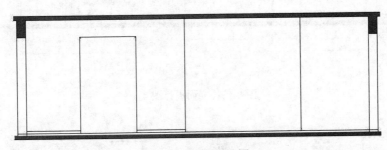

图 6-60　立面设计图 1

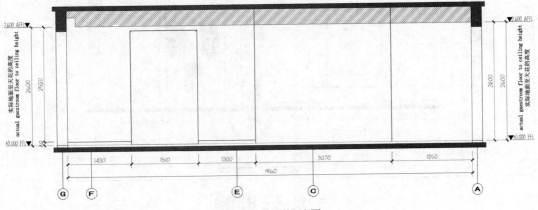

图 6-61　立面设计图 2

97

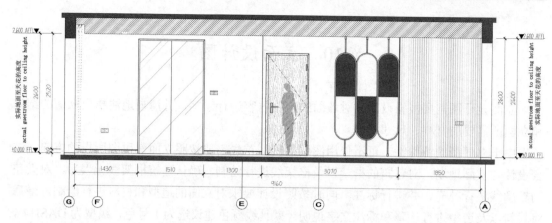

图 6-62 立面设计图 3

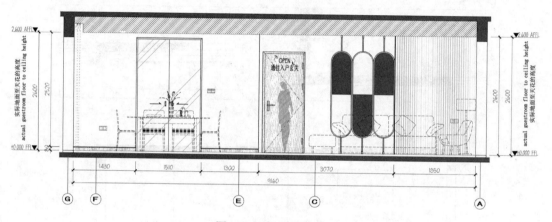

图 6-63 立面设计图 4

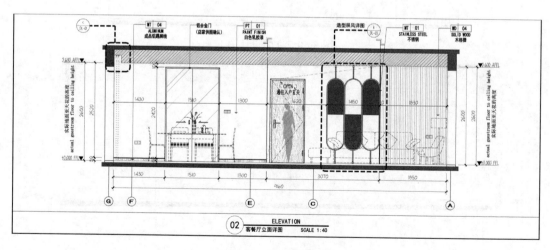

图 6-64 立面设计图 5

6.11 剖 面 图

剖面图是假想用一个剖切平面将物体剖开，使施工人员能够直观地了解局部的做法以及材料的使用。剖面图具体绘制步骤如下。

（1）绘制剖面图时首先绘制墙体及天花造型轮廓线，如图 6-65 所示。

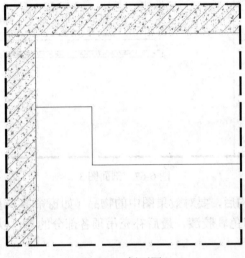

图 6-65　剖面图 1

（2）绘制天花造型轮廓线所使用的饰面板以及基层底板（一般常用板材厚度有 9mm、12mm、15mm 不等），厚度为 9mm。填充相对应的图例，如图 6-66 所示。

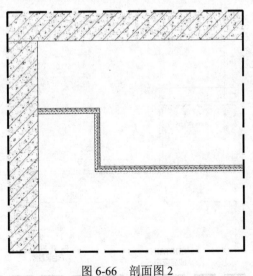

图 6-66　剖面图 2

（3）绘制结构基层，常用的结构基层分为木龙骨结构和轻钢龙骨结构两种。此次所使用的结构为木龙骨结构，所使用的木方尺寸为 30mm×30mm，如图 6-67 所示。

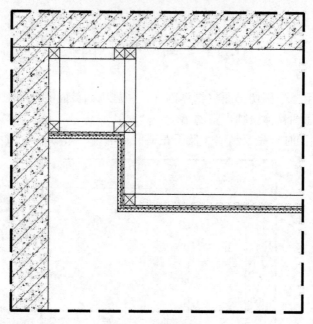

图 6-67　剖面图 3

（4）绘制完基本结构后，要对效果图中的物品（如窗帘等）进行绘制，并标明所使用的材料，此次使用的为白色乳胶漆，最后补充吊顶各部分的尺寸以及文字说明，如图 6-68 所示。

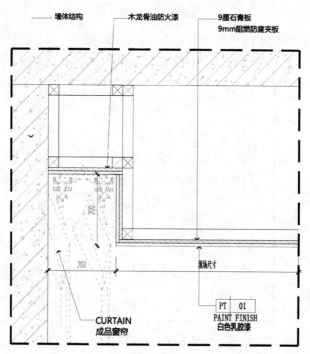

图 6-68　剖面图 4

6.12 绘制大样图

大样图与剖面图总体上都是为把内部结构表达清楚，但是在表达结构与结构之间的具体情况时，就需要使用大样图来进行表达，通过单独放大来注释，这样就可以把结构以及所用的材料说明清楚，从而方便施工，如图 6-69 和图 6-70 所示。

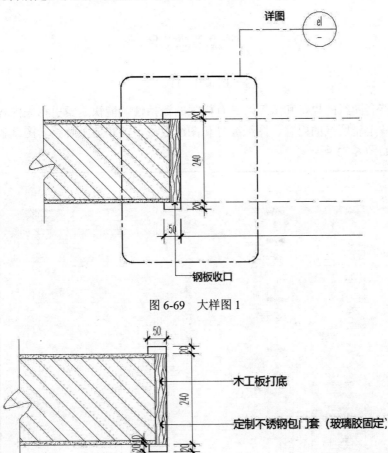

图 6-69 大样图 1

图 6-70 大样图 2

6.13 封面、目录、设计说明

封面的作用是能够准确直观地表达项目名称、地理位置信息以及出图日期等信息，封面的内容包括公司 Logo、公司中文名称、项目地址、出图日期、版本编号等，如图 6-71 所示。

XXX-XXXX-XX栋XXX号房
XXXXXXX, CHINA

室内装饰施工图
Interior Decoration Drawing

出图日期: XXXX年XX月X日
ONE DAY,XX, XXXX

图 6-71 封面

目录是整套图纸的提炼和浓缩,具有极强的概括性,能快速索引相关内容。阅读目录能够整体了解全套图纸的内容、图纸编号和图纸数量,清楚地了解整套图纸各层级之间的逻辑关系,如图 6-72 所示。

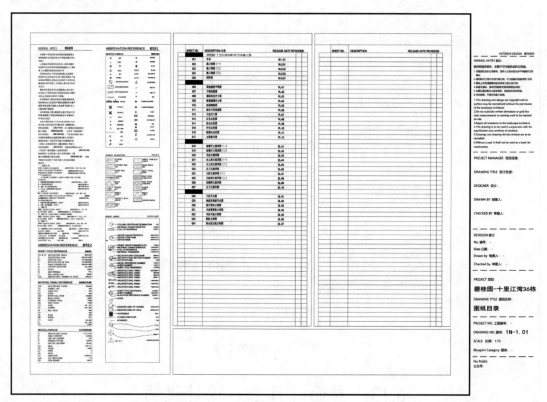

图 6-72 目录

设计说明主要表示出建筑施工标准文书以及详细内容,如墙面工艺的施工标准、顶面施工的标准、地面施工的标准以及目录需要的说明,如图 6-73~图 6-75 所示。

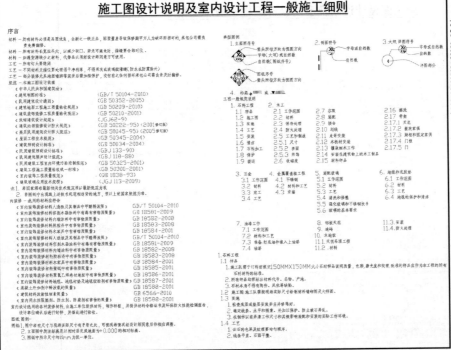

图 6-73　设计说明 1

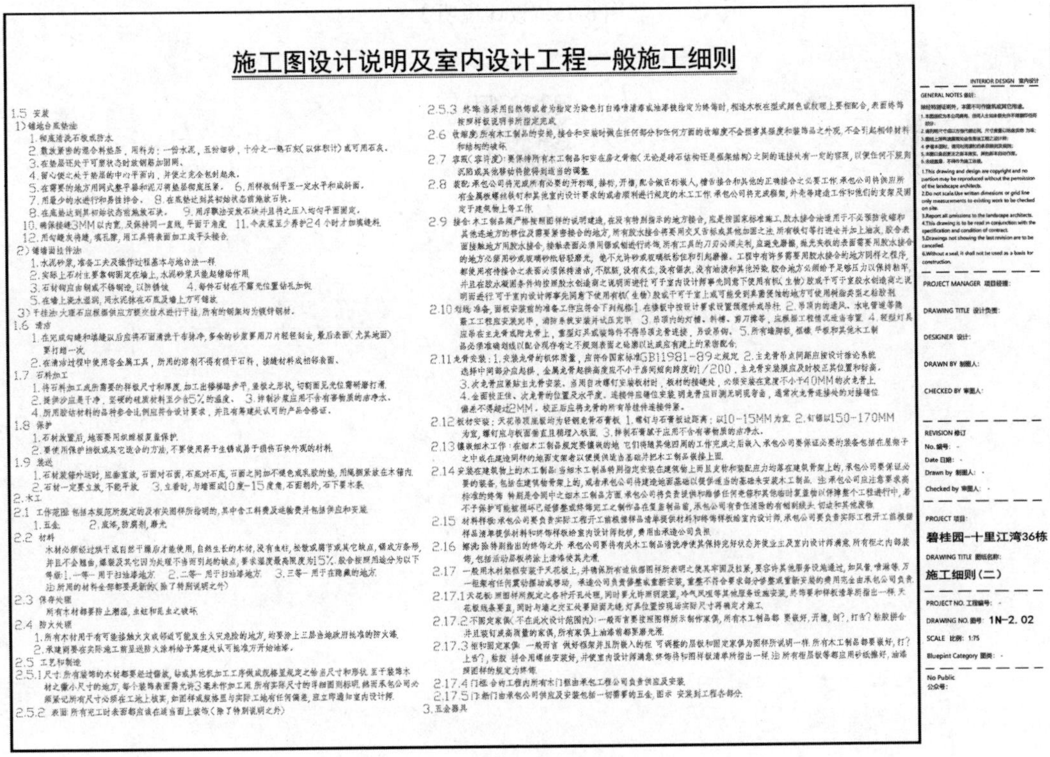

图 6-74　设计说明 2

施工图设计说明及室内设计工程一般施工细则

图 6-75　设计说明 3

项目 7　建筑装饰施工图出图

学习目标

知识目标

📖　在布局中打印图纸。
📖　为图形对象指定打印样式。
📖　设置出图比例。
📖　插入图框。
📖　打印。

能力目标

能够准确设置并打印绘制好的 CAD 图纸。

建议课时：8 课时。

项目情景

CAD 绘制完毕后，要对图形进行打印或者输出。如何进行图形输出的设置，如何新建布局，如何输出 PDF 格式，是本项目讲解的内容。

7.1　布局出图创建与要求

（1）在菜单栏中选择"插入"｜"布局"｜"创建布局向导"命令，在弹出的"创建布局-开始"对话框中开始按顺序操作。首先，在"开始"选项卡的"输入新布局的名称"文本框中输入"布局打印"，然后单击"下一步"按钮，如图 7-1 和图 7-2 所示。

（2）在"创建布局-打印机"选项卡中，选择 DWG To PDF.pc3 作为绘图仪，单击"下一步"按钮，完成出图保存格式设置，如图 7-3 所示。

（3）在"创建布局-图纸尺寸"选项卡中，布局图纸尺寸选择"ISO A3（420.00×297.00毫米）"，在"图形单位"选项组中选中"毫米"单选按钮，单击"下一步"按钮，完成图纸规格和单位设置，如图 7-4 所示。

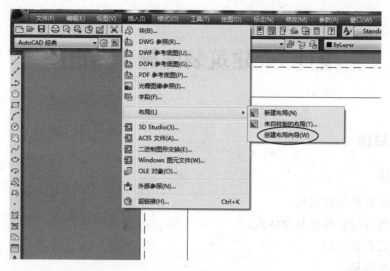

图 7-1　创建布局向导

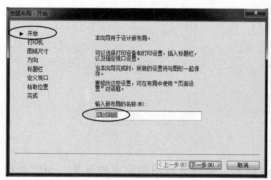

图 7-2　输入新布局的名称

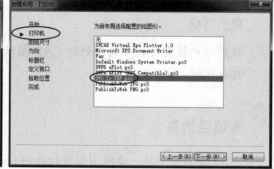

图 7-3　选择 DWG To PDF.pc3

（4）在"创建布局-方向"选项卡中，选中"横向"单选按钮作为图纸的方向，单击"下一步"按钮，完成图纸方向设置，如图 7-5 所示。

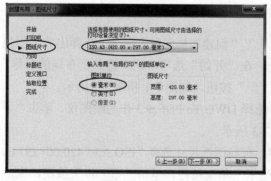

图 7-4　选择布局使用图纸尺寸

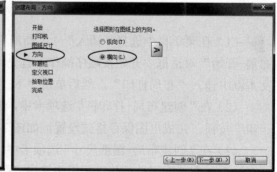

图 7-5　设置图形在图纸上的方向

（5）在"创建布局-标题栏"选项卡中，选择"无"作为路径，单击"下一步"按钮，完成图纸标题栏设置，如图 7-6 所示。

（6）在"创建布局-定义视口"选项卡中，在"视口设置"选项组中选中"单个"单选按钮，在"视口比例"下拉列表框中选择"1∶100"选项，单击"下一步"按钮，完成图纸定义视口设置，如图 7-7 所示。

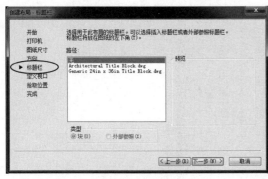
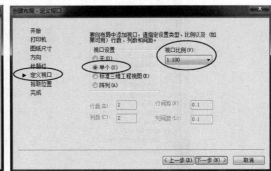

图 7-6　设置标题栏　　　　　　　　　　图 7-7　选择定义视口与比例设置

（7）在"创建布局-拾取位置"选项卡中，按照默认设置，单击"下一步"按钮，完成图纸拾取位置设置，如图 7-8 所示。

（8）在"创建布局-完成"选项卡中，单击"完成"按钮，完成设置，如图 7-9 所示。

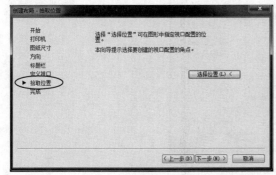

图 7-8　选择拾取位置　　　　　　　　　　图 7-9　完成布局打印

7.2　调整页面设置管理器

（1）在菜单栏中选择"文件"｜"页面设置管理器"命令，打开页面设置管理器界面，如图 7-10 所示。

（2）在页面设置管理器界面中选择"布局打印"命令，然后在弹出的对话框中单击"修改"按钮，如图 7-11 所示。

（3）弹出"页面设置-布局打印"对话框，在"打印机/绘图仪"选项组中的"名称"下拉列表框中选择"DWG TO PDF.pc3"选项，单击"特性"按钮继续特性设置，如图 7-12 所示。

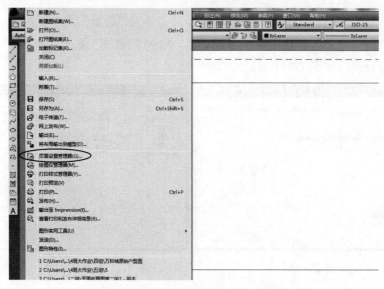

图 7-10　创建页面设置管理器

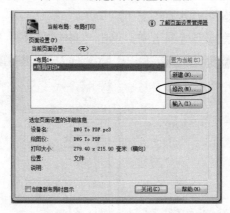

图 7-11　选择布局打印修改

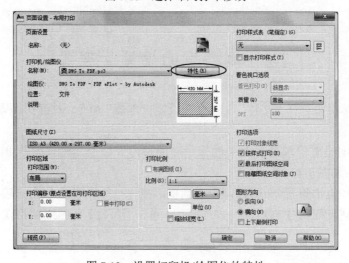

图 7-12　设置打印机/绘图仪的特性

（4）在"绘图仪配置编辑器"对话框中，选择"设备和文档设置"选项卡，然后选择"修改标准图纸尺寸（可打印区域）"选项；在"修改标准图纸尺寸"选项组中选择"ISO A3 (420.00×297.00 毫米)"选项，单击"修改"按钮设置打印区域，如图 7-13 所示。

（5）在"自定义图纸尺寸-可打印区域"选项卡中，将"上""下""左""右"边界设置为"0"后，单击"下一步"按钮，如图 7-14 所示。

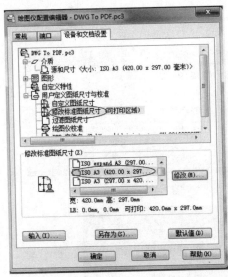
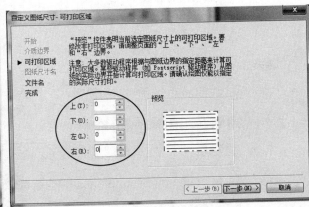

图 7-13　设置打印机/绘图仪 A3 图纸　　　　图 7-14　设置图幅边界为"0"

（6）在"自定义图纸尺寸-文件名"选项卡中，将"PMP 文件名"按默认设置为 DWG To PDF，单击"下一步"按钮，如图 7-15 所示。

（7）在"自定义图纸尺寸-完成"选项卡中，单击"完成"按钮，如图 7-16 所示。

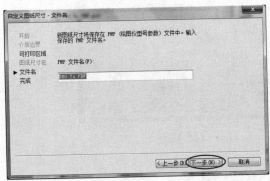

图 7-15　文件名默认为 DWG To PDF　　　　图 7-16　设置完成

（8）在"绘图仪配置编辑器"对话框中，单击"确定"按钮，如图 7-17 所示。

（9）在弹出的"修改打印机配置文件"对话框中，单击"确定"按钮，完成修改打印机配置文件，如图 7-18 所示。

（10）在"页面设置-布局打印"对话框中，在"打印样式表（笔指定）"下拉列表框中选择"monochrome.ctb"选项，单击"确定"按钮，完成页面设置，如图 7-19 所示。

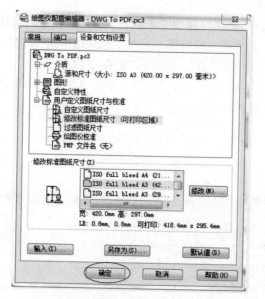

图 7-17　对绘图仪编辑器进行选择和确定

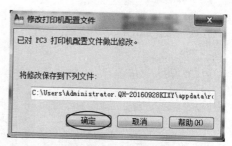

图 7-18　设置确定

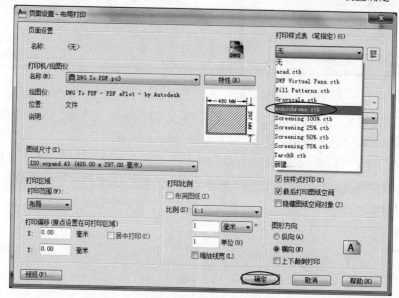

图 7-19　页面设置选择 monochrome.ctb 确定

7.3　设置 DWG 文件

1. 调入 DWG 出图图纸

（1）选择菜单栏中的"文件"｜"打开"命令，如图 7-20 所示。

（2）在操作窗口打开案例文件平面图，如图 7-21 所示。

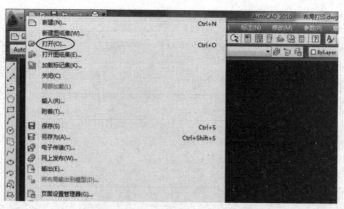

图 7-20　创建文件打开

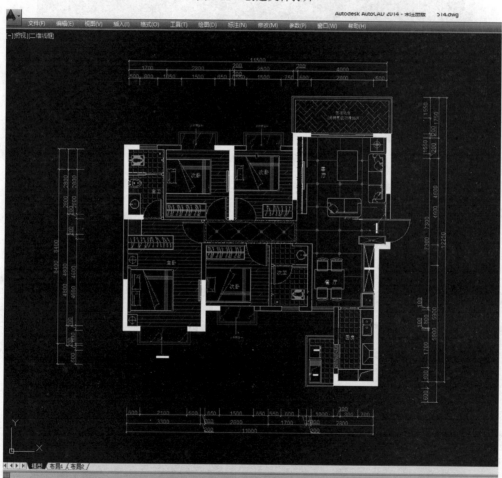

图 7-21　案例平面图

2. 调入图框

（1）打开 A3 图框，在菜单栏中选择"文件"｜"打开"命令，如图 7-22 所示。

（2）把 A3 图框复制到布局打印中去，如图 7-23 所示。

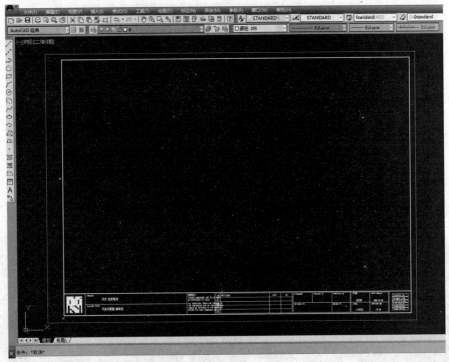

图 7-22　打开 A3 图框

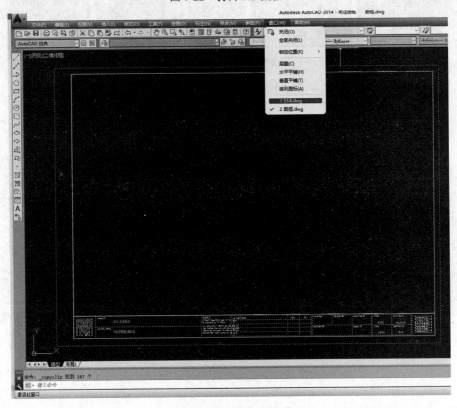

图 7-23　复制到布局打印

（3）在布局打印中将默认的视口删除，再把 A3 图框对齐布局打印，如图 7-24 和图 7-25 所示。

图 7-24　删除视口

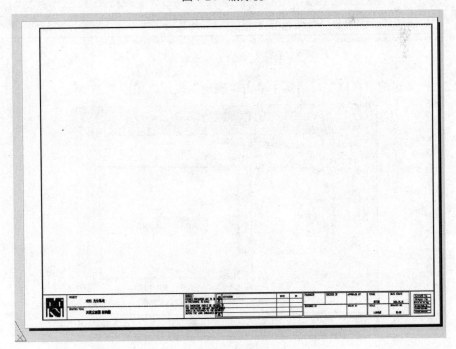

图 7-25　对齐 A3 图框

3. 新建视口

（1）在菜单栏中选择"视图"｜"视口"｜"新建视口"命令，如图7-26所示。

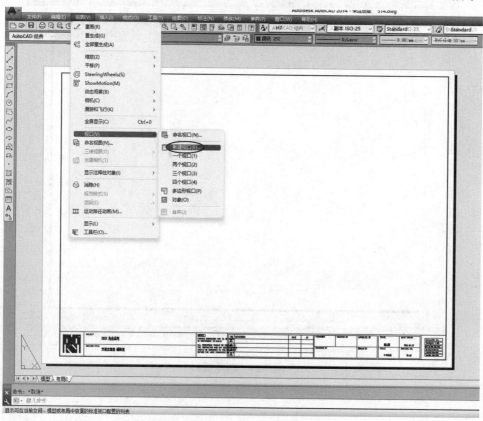

图7-26　创建新建视口

（2）在弹出的"视口"对话框中单击"确定"按钮，如图7-27所示。

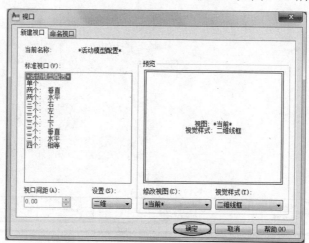

图7-27　视口界面内容确定

（3）在命令行窗口中输入 f 按 Enter 键，如图 7-28 所示。

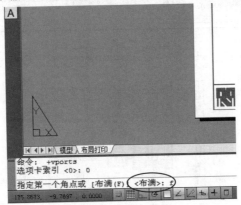

图 7-28　输入 f 布满视口

（4）在"布局打印"窗口调整案例平面图大小与合适的位置，单击界面右下角的"图纸"按钮，如图 7-29 所示。

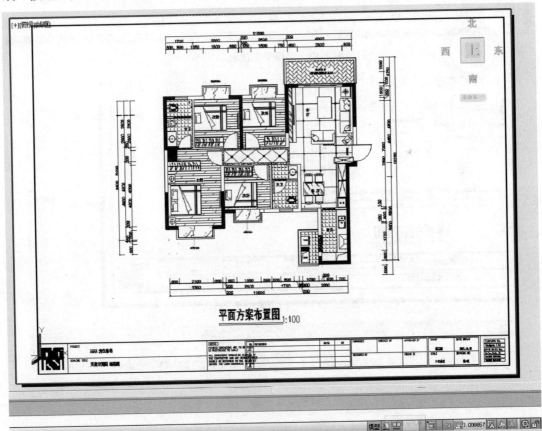

图 7-29　设置图纸位置与大小

（5）在"布局打印"窗口继续调整案例平面图大小与合适的位置，如图 7-30 所示。

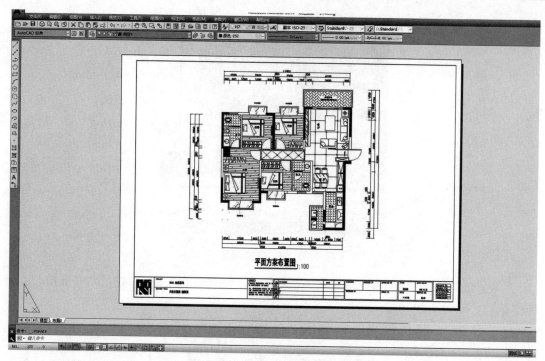

图 7-30　调整平面图视口大小

（6）在"布局打印"窗口单击界面右下角的"模型"按钮，如图 7-31 所示。

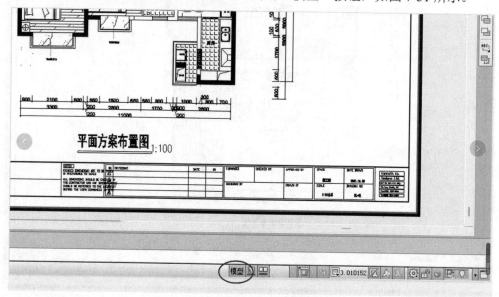

图 7-31　调整完成单击"模型"按钮

4．PDF 出图

为了方便审阅、查看、打印、传输，将 DWG 格式图纸输出为 PDF 格式，其特点是拥有体积小、查看方便，不会因为字体、打印样式、软件、移动设备而受限制；同时，PDF

格式还具有打开/关闭图层、批注等优势；因此深受设计者的喜爱。

（1）选择"文件"｜"打印"命令，如图 7-32 所示。

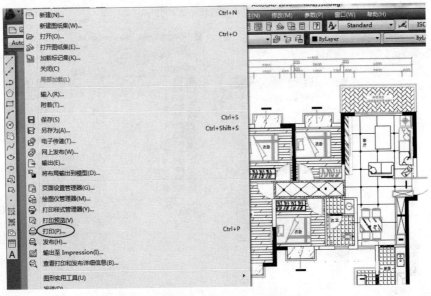

图 7-32   选择"打印"命令

（2）出 PDF 格式前，要对 DWG 图纸的线条颜色图层进行深与浅、前与后、线条主次的调节，在"打印-布局打印"对话框的"打印样式表（笔指定）"下拉列表框中选择 monochrome.ctb 选项为打印并进行样式调整，如图 7-33 所示。

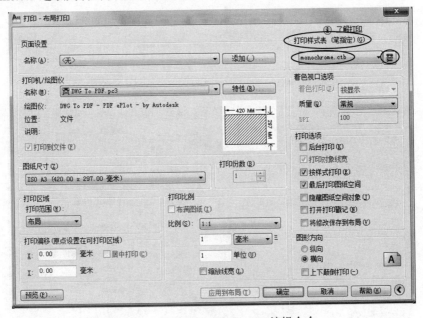

图 7-33   选择 monochrome.ctb 编辑命令

（3）在"打印样式表编辑器"对话框中，调整平面图中飘窗大理石纹理与地面波打线的图层特性，在"表格视图"选项卡中选择"颜色250"，如图7-34所示。

（4）在"打印样式表编辑器"对话框中调整地面铺装，在"表格视图"中选择"颜色8"，单击"保存并关闭"按钮完成设置，如图7-35所示。

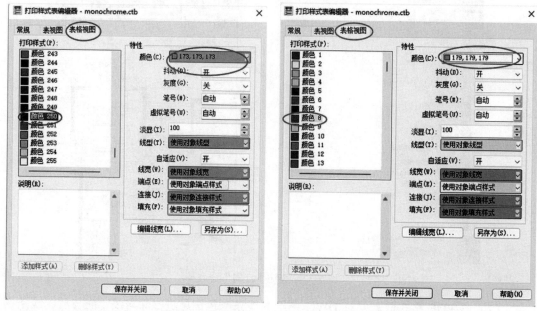

图7-34 调整大理石与地面波打线纹理颜色　　　　图7-35 调整地面铺装颜色

（5）对调整好的打印样式结果预览，在"打印–布局打印"对话框中单击"预览"按钮，如图7-36所示。

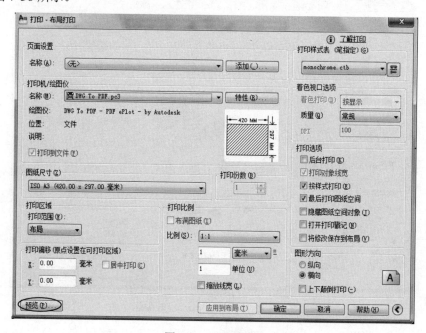

图7-36 出图预览

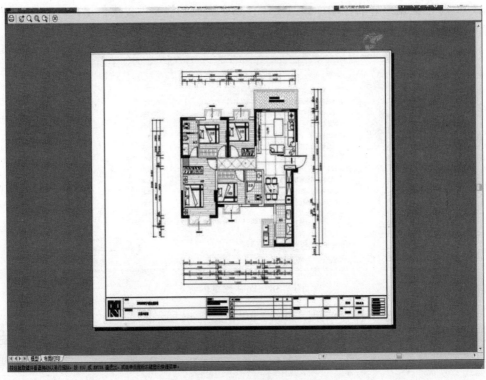

图 7-36   出图预览（续）

（6）在"打印-布局打印"对话框中单击"确定"按钮，如图 7-37 所示。

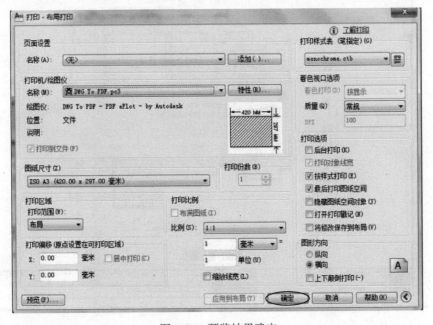

图 7-37   预览结果确定

（7）将已经调整好的打印样式结果保存到桌面或其他文件夹中，单击"保存"按钮，如图 7-38 所示。

图 7-38　保存预览内容

（8）查看最终 PDF 保存结果，如图 7-39 和图 7-40 所示。

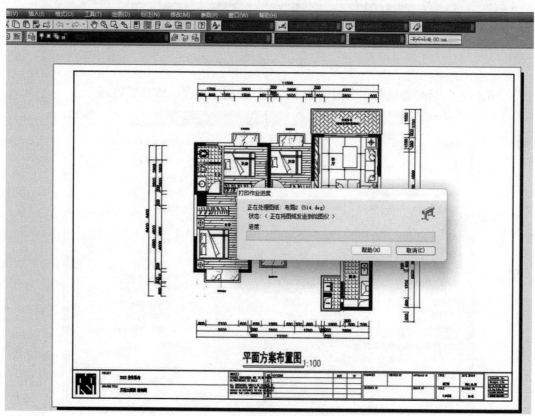

图 7-39　查看 PDF

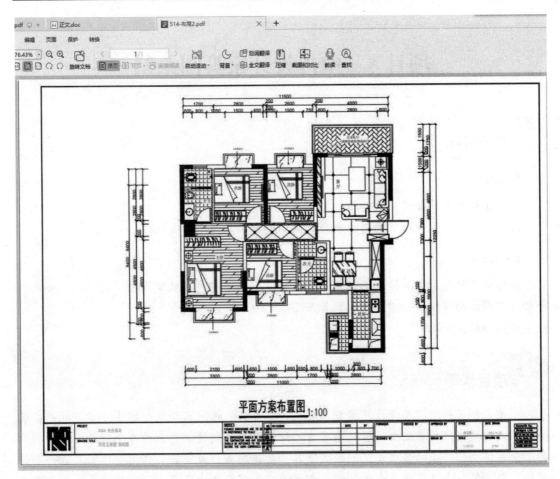

图 7-40　看图软件浏览

项目 8　室内设计家具图绘制

学习目标

知识目标

📖 了解家具的含义、家具特性及常用名词术语。
📖 了解家具设计人员的岗位能力和提高设计能力的学习途径。

能力目标

能够运用规范的家具设计名词术语进行家具产品介绍，并从实用性、艺术性、公益性和经济性等方面科学、合理地评价家具产品。

建议学时：8课时。

项目情景

全屋定制是一项家居设计及定制、安装等服务为一体的家居定制解决方案，也是家居企业在大规模生产的基础上，根据消费者的设计要求来制造消费者的专属家居。通常所谓的"全屋定制"，指的其实是定制板式家具，就是用板材做家具。作为整体家具的一个升级版，全屋定制个性突出，在设计的过程中讲究和消费者的深度沟通，能充分地结合消费者的生活习惯和审美标准。通过本项目的讲解，从了解家具设计概念到掌握家居定制衣柜绘制方法，从而使读者能够绘制家具定制图纸。

8.1　家具设计相关要求

8.1.1　家具的定义

家具一词在我国最早出现于隋唐五代时期，是家用的器具之意。传统的家具是指家庭中可移动的家用器具，现代家具的概念已带有广义性，家具也不一定非移动不可。家具至今尚无严密的标准释义，只能依据传统意义的含义及逻辑的延伸，分为广义和狭义的家具。广义的家具是指人们日常生活、工作、学习和社会交往中不可缺少的一类器具。狭义的家具是指人们在生活、工作、学习和社会交往中，供人们坐、卧或支撑与储存物品和作为装饰的一类器具。

8.1.2　家具的特性

1．家具的普遍性

家具从古至今的发展，以其独特的功能贯穿于人们的衣、食、住、行之中，一直都被人们广泛地使用，在当今社会中更是必不可少。我国改革开放以后经济快速发展带来的办公家具、商业家具、厨卫家具、卫生器具等都是家具发展中涌现的新品种，它们以各自独特的功能满足不同时期、不同群体的不同需求。

2．家具的二重性

家具既是物质产品，又是精神产品，既有具体明确的使用功能，又有供人观赏产生审美感和引发丰富联想的精神功能，这就是家具的二重性。

3．家具的社会性

家具的类型、数量、形式、风格、功能、结构和加工水平以及社会对家具的需求情况，是随着社会的发展而发展的，可以在很大程度上反映出一个国家和一个地区的技术水平、物质文明程度、历史文化特征以及生活方式和审美趣味。例如，目前流行的现代橱柜款式设计突出与追求时代感，讲究环保化、智能化、多功能化和表面装饰多元化及造型的时尚和前卫的文化内涵，充分体现了当今社会的创新理念和科技水平。

8.1.3　家具常用名词术语

在家具设计中，为了更好地表达设计，常用一些专业名词术语，如表 8-1 所示就是家具设计常涉及的家具类型、家具品种、家具零部件 3 个方面的常用名词术语。

表 8-1　家具设计常用名词术语（摘自 GB/T 28202—2011）

单位：mm

名 词 术 语		解　　释
柜类或橱柜类	大衣柜	柜内挂衣空间高度不小于 1400，深度不小于 530，用于挂大衣或存放衣物的柜子
	小衣柜	柜内挂衣空间高度不小于 900，深度不小于 530，外形总高不大于 1200，用于挂短衣或叠放衣物的柜子
	床头柜或床边柜	紧靠床头两侧放置，用于存放零物且高度一般不大于 700 的柜子
	书柜	放置书籍和刊物的柜子
	文件柜	放置文件、资料的柜子
	餐边柜或配餐柜	放置食品、餐具等的柜子
	陈设柜	陈列工艺品或存放物品的柜子
	箱柜	一种矮型、常为长方形并带有盖子的用于容纳物件，也可供人坐的柜子

	名 词 术 语	解 释
床类或卧具类	双人床	宽度大于 1200 的床
	单人床	宽度不大于 1200，但也不小于 800 的床
	儿童床	供婴儿、儿童用的小床，有固定式和伸长式两种
	双层床	在高度方向上有上下层铺面的床或下层为衣柜、书架、衣柜-电脑桌等功能的床
	榻床	只有床身，上面没有任何装饰或构件的卧具
	罗汉床	床上后背及左右三面安装围子的卧具
桌几类或凭倚类	餐桌	供人们餐饮时使用的桌子，常分为方桌、圆桌、椭圆桌等，并与餐椅配套使用
	办公桌或写字台	供书写、办公、阅读时使用的桌子，现代办公桌下部通常带有抽屉、键盘架、柜体、电脑台等功能部件，有的也用于办公自动化设施的存放和安装
	课桌	在教室中用于听课、书写和阅读时使用的桌子
	梳妆桌或梳妆台	供人们生活中整理仪容、梳妆时使用的桌台，台面上常设有梳妆镜，并可分为立式梳妆台和坐式梳妆台（常与梳妆凳配套使用）
	茶几	在起居室、客厅、接待室等场所中与沙发或扶手椅配套使用的小型桌台，放在沙发或扶手椅前的一般较为低矮，放在沙发或扶手椅中间或两侧的则较高，一般与扶手平齐
坐具类	沙发	一般使用软质材料、木质材料或金属材料制成，具有弹性软包，且有靠背和扶手的坐具
	木扶手沙发	表面露出木制扶手的沙发
	全包沙发	表面不显露框架或扶手的沙发
	多用沙发或多功能沙发	除具有坐具功能外，还兼有睡床等其他功能的多用沙发
	靠背椅	有靠背的坐具
	扶手椅	有扶手的椅子
	转椅	座面可水平方向转动的椅子，通常还能调节高度
	折叠椅	可折叠的椅子，常为腿足相交可以折叠的椅子
	凳	无靠背、无扶手的坐具

8.1.4 家具设计的原则

为使设计达到所有设计者都追求的最高目标，设计者必须在设计全过程，尤其在做出每一具体设计抉择之时，时刻牢记作为公允的基本标准，即如何评价一项家具设计优劣的基本原则。具体来说，现代家具设计应遵循如下原则。

1. 人体工程学原则

为使设计的家具很好地为人服务，设计家具时应以人体工程学的原理指导家具设计。根据人体的尺寸、四肢活动的极限范围，人体在进行某项操作时能承受的负荷及由此产生的生理和心理变化，以及各种生理特征等因素确定家具的尺度和人机界面。

2．辩证构思的原则

辩证构思的原则是应用辩证思维的设计原理与方法进行构思，要求综合各种设计要素进行设计。做到物质与精神、形式与功能、艺术与技术等的统一，不仅设计要符合造型的审美艺术要求，还要考虑到用材、结构、设备和工艺，不但形态、色彩、质感要协调有美感，而且加工、装配、装饰、包装、运输等在现有生产水平下也应得到满足。

3．满足需求的原则

满足需求的原则是以人们新的需求、新的市场为目标开发新产品的设计原则。需求是人类进步过程中不断产生的新的希望与要求，并且人的需求是由低层次向高层次发展的。现代家具设计应适用于"以人为本"的现代理念，优秀的新产品设计就要求功能有新的开拓，适合于现代生活方式。

4．创造性的原则

创造性的原则是在现代设计科学的基本理论和现代设计方法的基础上，创造性地去进行新产品的开发工作。设计过程就是创造过程，不断进行家具新功能的拓展，大量采用对人体无害的绿色新材料、新工艺，在造型上讲究时尚与前卫，在技术上应用计算机实现智能化，使家具个性化、品牌化、功能一体化。

5．流行性的原则

设计的流行性的原则，就是要求设计的产品体现明显的时代特征，在造型、结构、材料、色彩等的运用上符合流行的潮流；要求设计者能经常地、及时地推出适销对路的产品，以满足市场的需求。现代家具设计的流行款式，要求造型上突出与追求时代感，表面艺术装饰多元化，产品要求环保化、智能化、多功能化等。

6．资源可持续利用的原则

可持续发展是所有现代工业必须遵循的基本原则，家具工业也不例外。目前，"节约材料，保护环境"的呼声愈来愈强烈；为此，家具设计必须考虑材料资源持续利用的原则。首先，设计时要做到减量，即减少产品的体积和用料，简化和消除不必要的功能，尽量减少产品制造和使用的能源消耗。

8.1.5　家具设计的评价标准

评价家具设计优劣的标准要从实用性、艺术性、工艺性和经济性入手。为了使设计达到所有设计者都追求的最高目标，必须在设计的全过程中把设计的评价标准置于首位。设计的家具要同时兼备四项属性，但实用性和艺术性更为重要。

8.1.6　家具设计人员的知识领域及技能要求

家具设计是一项技术工作，尽管在人类文明的发展初期没有这个名称，但该项技术却是潜藏在设计之中。所以，家具设计具有自身的知识领域，家具设计人员需要具有相应的技能。

1．家具设计人员需要研究的问题

（1）设计理论。从现代工业设计和艺术设计的本质来看，没有设计理论作为基础的设计技术是没有前途的技术。在设计理论中，最基本的领域是设计文化、设计思想、设计历史、设计方法等。

（2）设计技术。设计技术不一定是手头的工作，也不一定仅仅是依靠手的灵活进行的工作，其靠动脑筋进行理智处理的成分占主要地位，是做设计的技法或者实用技术，包括思维方式、创作技法、管理技术、表现技术等。在设计的初期阶段，必须在认知感觉活动上下大功夫，使感觉和判断力的敏感性得到加强和提高，无论如何都必须反复进行实际技术的练习。

（3）家具的设计语言、家具式样和装饰技巧要使家具设计语言达到"群众性""民族性"，家具式样要达到"时代性""多样性"的目标，必须在装饰技巧上达到"装饰性""适应性"。

（4）家具的功能使用要求。要研究家具的功能使用要求，同时熟悉家具生产的新材料、新装备、新工艺，以充分发挥家具艺术的独创性。

2．家具设计人员的技能要求

设计与艺术有着与生俱来的"血缘"关系。家具设计人员首先需要掌握艺术与设计知识技能，这是所有家具设计人员必备的首要条件，包括造型基础技能、专业设计技能、与设计相关的理论知识，主要应具备如下十大能力。

（1）徒手绘制设计草图的能力。

（2）运用制图工具进行设计制图的能力。

（3）运用计算机进行设计绘图能力（会使用像素绘画软件 Photoshop、二维绘画软件 CAD、造型及效果渲染软件 3ds Max 等）。

（4）制模技术、制样技术。

（5）表达能力与人交往的技巧（能换位思考与理解问题）。

（6）具备写作设计报告能力。

（7）在形态上具有鉴赏力，对正负空间的架构有敏锐的感受。

（8）能绘制设计图样，会做家具设计方案。

（9）对产品从设计制造到走向市场的全过程应有足够的了解。

（10）安排合理设计流程和控制时间进度。

8.2　家具设计案例鉴赏

8.2.1　衣柜的分类

市面上的衣柜大致分为趟门衣柜和掩门衣柜两种，如表 8-2 所示，其中，趟门衣柜又分为整体式衣柜和顶柜式衣柜两种。

表 8-2 趟门衣柜和掩门衣柜对比

名 称	特 点	样 式
整体式衣柜	高度小于 2420mm，衣柜侧板没有接驳缝隙	
顶柜式衣柜	顶柜支撑式：由下柜和顶柜组成，并且衣柜趟门到顶的衣柜，侧板有接缝	
	顶柜掩门式：由下柜和顶柜组成，其顶柜带有掩门，衣柜趟门没有到顶的衣柜	

8.2.2 衣柜的组成

衣柜是人们日常生活中使用最多的柜子之一，组成衣柜的配件有很多，如侧板、顶板、层板、抽屉、挂衣架、穿衣镜、脚线、顶线等，如图 8-1 所示；整体总结来看，衣柜是由下柜、顶柜和门 3 个部分组成。

（1）下柜，如图 8-2 所示，是由一个或多个单元柜组合而成的柜体；顶柜是位于衣柜上部的柜体，分为支撑式顶柜和掩门式顶柜两种。单元柜由左右侧板、顶底固层板、中固层板、前后脚线、左右脚线加固条、背板组成。

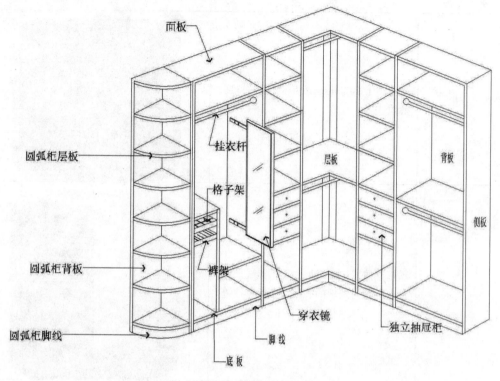

图 8-1　衣柜的组成

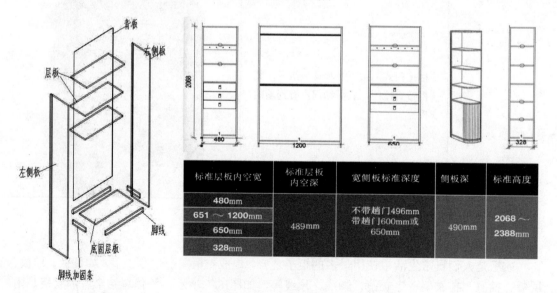

图 8-2　下柜的组成

标准层板内空宽	标准层板内空深	宽侧板标准深度	侧板深	标准高度
480mm		不带趟门496mm 带趟门600mm或650mm	490mm	2068～2388mm
651～1200mm	489mm			
650mm				
328mm				

（2）侧板与一般立板的区别是侧板留有背板的插槽位置，如图 8-3 所示。单元柜的侧板位于柜体左右两侧，两组单元柜中间的侧板则称为中侧板。侧板名称、详细尺寸及用途，

如图 8-4 和图 8-5 所示。

名称	高	深	厚	用途
侧板	2068	490	18	在侧板不见光时使用
见光侧板	2068	496	18	在柜体外见光且不装趟门时使用
宽侧板	2068	600	18	在柜体外见光且安装趟门（103垫板）时使用
650宽侧板	2068	650	18	在柜体外见光且安装趟门（133垫板）时使用

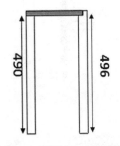

图 8-3 侧板与一般立板的区别

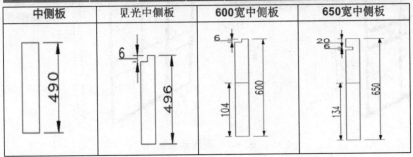

图 8-4 侧板名称、详细尺寸及用途 1

名称	高	深	厚	用途
中侧板	2388	490	18	在侧板不见光时使用
见光中侧板	2388	496	18	在柜体外见光且不装趟门时使用
宽中侧板	2388	600	18	在柜体外见光且安装趟门（103垫板）时使用
650宽中侧板	2388	650	18	在柜体外见光且安装趟门（133垫板）时使用

图 8-5 侧板名称、详细尺寸及用途 2

（3）顶柜是衣柜的上部分柜子，分为支撑式顶柜和掩门式顶柜两种。顶柜由左右侧板、顶层板、顶柜加固条、背板、顶线部分组成，顶线的作用是遮挡柜体与天花之间的缝隙，支撑式顶柜采用 160mm 深的顶线加固板，掩门式顶柜则采用 70mm 深的顶线加固板，如图 8-6 和图 8-7 所示。

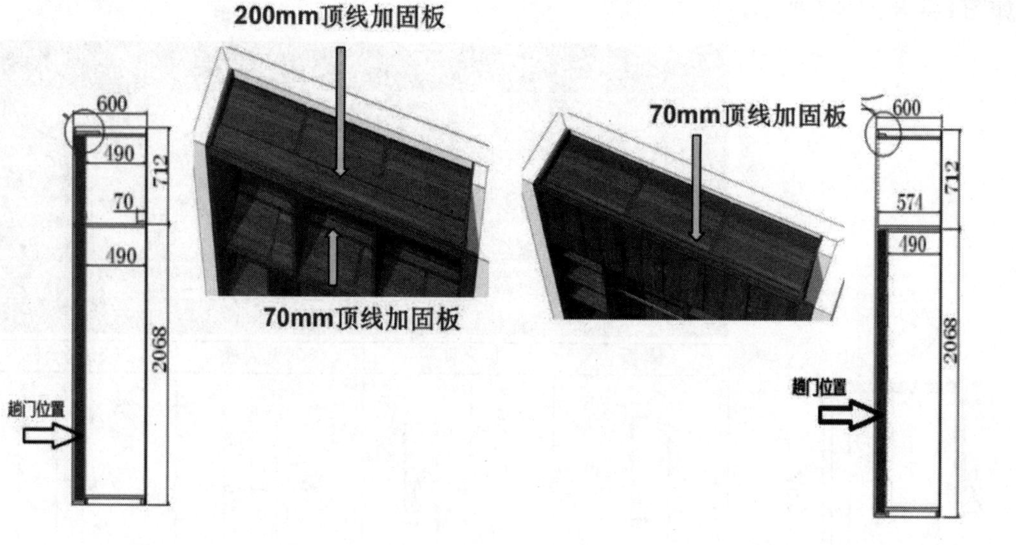

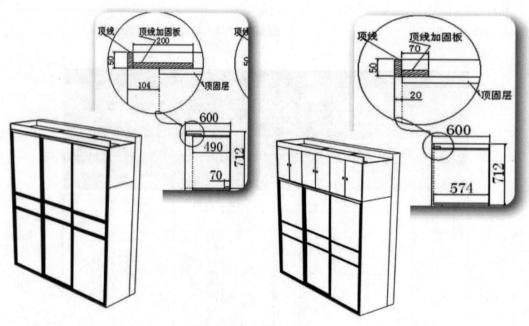

图 8-6　顶柜示意图

图 8-7　顶线示意图

8.2.3　衣柜施工图案例鉴赏

　　全屋定制设计师，除了要绘画出图，还要进行衣柜拆分，以及制作五金配件单；那么就需要设计师不仅要有绘图能力，还要完全了解衣柜工艺结构以及五金配置信息，如图 8-8～图 8-11 所示，供读者绘图时参考。

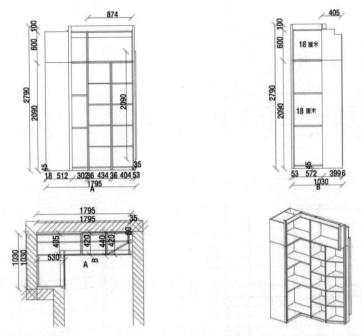

图 8-8　板式柜体——储物柜

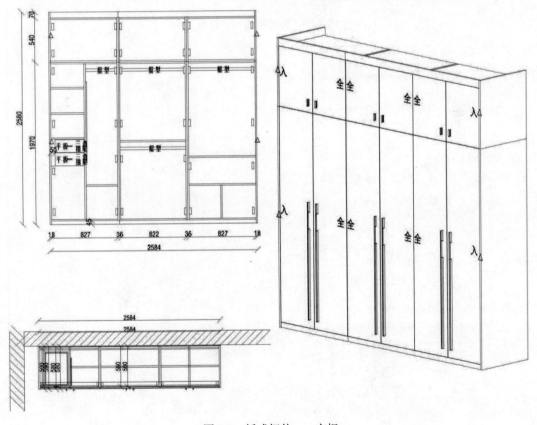

图 8-9　板式柜体——衣柜

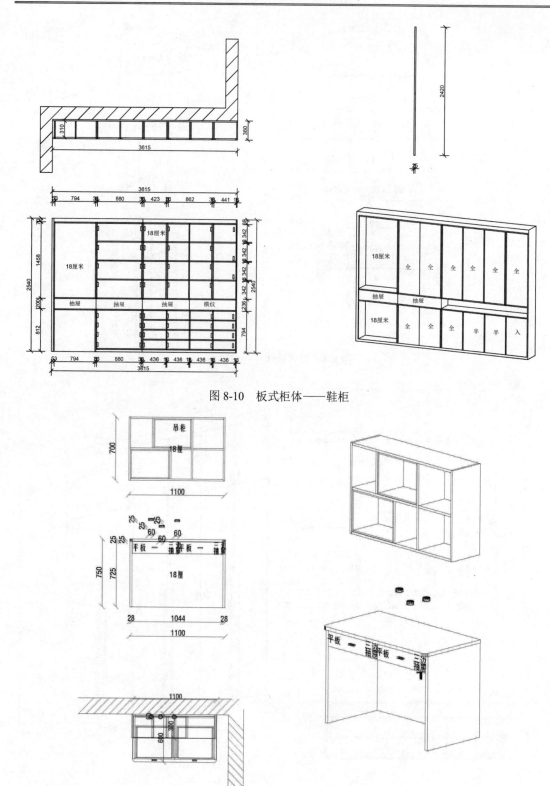

图 8-10　板式柜体——鞋柜

图 8-11　板式柜体——书桌

参 考 文 献

[1] 何斌，陈锦昌，王枫红. 建筑制图[M]. 8 版. 北京：高等教育出版社，2020.

[2] 胡小玲. 建筑制图与 CAD[M]. 北京：国家开放大学出版社，2018.

[3] 易泱，赵婷，刘杰. 室内设计施工图制作[M]. 石家庄：河北美术出版社，2019.

[4] 王萧. 建筑装饰施工图识读[M]. 北京：中国建筑工业出版社，2020.

[5] 韩力炜，郭瑞勇. 室内设计师必知的 100 个节点[M]. 南京：江苏科学技术出版社，2017.

[6] 白芳. 装饰施工图[M]. 北京：北京理工大学出版社，2018.

[7] 赵鲲，朱小斌，周遐德. dop 室内设计施工图标准[M]. 上海：同济大学出版社，2018.

[8] 冯昌信，龙大军. 家具设计[M]. 2 版. 北京：中国林业出版社，2015.

附　　录

某家居空间设计施工图（完整版）请扫描下方二维码获取。